高钢级管道环焊接头的
组织性能及其完整性评价

GAOGANGJI GUANDAO HUANHAN JIETOU DE
ZUZHI XINGNENG JI QI WANZHENGXING PINGJIA

主　编　郭　磊　吴明畅　戴联双　胡亚博
副主编　李学达　刘建林　刘翠伟

图书在版编目(CIP)数据

高钢级管道环焊接头的组织性能及其完整性评价/郭磊等主编. —武汉：中国地质大学出版社,2024.11. —ISBN 978-7-5625-6007-4

Ⅰ.TH136

中国国家版本馆 CIP 数据核字第 2024MT6234 号

高钢级管道环焊接头的 组织性能及其完整性评价	郭　磊　吴明畅　戴联双　胡亚博　主　编
	李学达　刘建林　刘翠伟　副主编

责任编辑：王　敏	选题策划：王　敏	责任校对：张咏梅

出版发行：中国地质大学出版社(武汉市洪山区鲁磨路388号)	邮编：430074
电　　话：(027)67883511　　传　　真：(027)67883580	E-mail:cbb@cug.edu.cn
经　　销：全国新华书店	http://cugp.cug.edu.cn

开本：787mm×1092mm　1/16	字数：288千字	印张：11.25
版次：2024年11月第1版		印次：2024年11月第1次印刷
印刷：湖北睿智印务有限公司		
ISBN 978-7-5625-6007-4		定价：78.00元

如有印装质量问题请与印刷厂联系调换

《高钢级管道环焊接头的组织性能及其完整性评价》

编委会

主　　　编： 郭　磊　　吴明畅　　戴联双　　胡亚博

副 主 编： 李学达　　刘建林　　刘翠伟

编委会成员： 周飞龙　　王磊磊　　李洪烈　　王多才

目 录

1 环焊缝焊接技术的发展历程概述 ·· (1)
  1.1 常见环焊缝焊接技术 ··· (2)
    1.1.1 埋弧焊 ··· (2)
    1.1.2 焊条电弧焊 ··· (3)
    1.1.3 药芯焊丝半自动焊 ··· (4)
    1.1.4 熔化极气体保护电弧焊 ··· (4)
    1.1.5 钨极气体保护焊 ··· (6)
    1.1.6 等离子弧焊 ··· (6)
    1.1.7 激光焊 ··· (7)
    1.1.8 电子束焊 ··· (8)
  1.2 其他环焊缝焊接技术 ·· (8)
    1.2.1 激光-电弧复合焊 ··· (8)
    1.2.2 等离子弧-GMA 复合焊 ··· (9)
    1.2.3 TIG-MIG 复合焊 ·· (10)
    1.2.4 CMT 焊接技术 ·· (10)
  1.3 环焊缝焊接技术的发展历史 ·· (11)
    1.3.1 手工电弧焊 ·· (11)
    1.3.2 半自动焊 ·· (12)
    1.3.3 自动焊 ·· (12)
  1.4 国内外环缝焊接技术的发展 ·· (13)
    1.4.1 国外环缝焊接技术的发展 ·· (13)
    1.4.2 我国环缝焊接技术的发展 ·· (14)
    1.4.3 环焊技术发展趋势 ·· (18)

2 管道结构完整性分析的基本力学理论 ·· (20)
  2.1 管道结构完整性概述 ·· (20)
    2.1.1 体积型缺陷评价 ·· (22)
    2.1.2 焊缝缺陷评价 ·· (23)
    2.1.3 几何凹陷评价 ·· (23)

  2.1.4　腐蚀缺陷增长预测 …………………………………………………………… (25)
  2.1.5　疲劳裂纹扩展寿命预测 ……………………………………………………… (26)
 2.2　结构中的应力和应变 ……………………………………………………………… (27)
  2.2.1　体积力、表面力 ……………………………………………………………… (28)
  2.2.2　截面上的内力 ………………………………………………………………… (28)
  2.2.3　全应力 ………………………………………………………………………… (29)
  2.2.4　一点的应力和应变状态 ……………………………………………………… (29)
  2.2.5　等效应力和等效应变 ………………………………………………………… (31)
 2.3　用于判断结构破坏的强度理论 …………………………………………………… (32)
  2.3.1　第一强度理论——最大拉应力理论 ………………………………………… (34)
  2.3.2　第三强度理论——最大切应力理论 ………………………………………… (34)
  2.3.3　第四强度理论——形状畸变能理论 ………………………………………… (34)
 2.4　结构完整性分析所常用的数值方法 ……………………………………………… (35)
  2.4.1　有限单元法 …………………………………………………………………… (35)
  2.4.2　无网格法 ……………………………………………………………………… (37)
  2.4.3　分子动力学方法 ……………………………………………………………… (38)
 2.5　焊接残余应力简介 ………………………………………………………………… (40)

3　高钢级管道环焊接头的组织特征及其表征技术 …………………………………… (46)
 3.1　焊接接头的区域划分及其特点 …………………………………………………… (46)
  3.1.1　焊缝金属 ……………………………………………………………………… (46)
  3.1.2　熔合区 ………………………………………………………………………… (47)
  3.1.3　热影响区 ……………………………………………………………………… (48)
 3.2　高钢级管道环焊缝金属的组织类型 ……………………………………………… (49)
  3.2.1　自保护药芯焊丝半自动焊焊缝金属组织类型 ……………………………… (50)
  3.2.2　实心焊丝气保护自动焊焊缝金属组织类型 ………………………………… (54)
 3.3　高钢级管道环焊接头热影响区的组织类型 ……………………………………… (57)
  3.3.1　焊接热循环及其特点 ………………………………………………………… (57)
  3.3.2　焊接热影响区的组织分布特征 ……………………………………………… (58)
  3.3.3　高钢级管线钢焊接热影响区的组织分布特征 ……………………………… (59)
 3.4　高钢级管线钢母材的组织类型 …………………………………………………… (65)
  3.4.1　F-P 或少 P 管线钢（第一代微合金化管线钢） ……………………………… (65)
  3.4.2　AF、GB 型管线钢（第二代微合金化管线钢） ……………………………… (65)
  3.4.3　LB-M 型管线钢（第三代微合金化管线钢） ………………………………… (66)
 3.5　常见的组织多尺度表征技术 ……………………………………………………… (67)
  3.5.1　体视显微镜 …………………………………………………………………… (67)
  3.5.2　光学显微镜（OM） …………………………………………………………… (68)
  3.5.3　扫描电子显微镜（SEM） ……………………………………………………… (71)

  3.5.4 透射电子显微镜(TEM) ……………………………………………………… (76)
  3.5.5 电子背散射衍射技术(EBSD) ………………………………………………… (79)

4 高钢级管道环焊接头的力学性能表征技术 …………………………………………… (83)
 4.1 高钢级管道环焊接头的力学性能要求 ………………………………………………… (83)
  4.1.1 强度要求 ……………………………………………………………………… (83)
  4.1.2 冲击韧性要求 ………………………………………………………………… (85)
  4.1.3 断裂韧性要求 ………………………………………………………………… (87)
 4.2 环焊接头脆化及软化特征 ……………………………………………………………… (88)
  4.2.1 环焊接头的脆化 ……………………………………………………………… (88)
  4.2.2 环焊接头的软化 ……………………………………………………………… (92)
 4.3 常见的性能多尺度表征技术 …………………………………………………………… (96)
  4.3.1 全尺寸表征技术 ……………………………………………………………… (96)
  4.3.2 大尺寸表征技术 ……………………………………………………………… (105)
  4.3.3 常规尺寸表征技术 …………………………………………………………… (118)
  4.3.4 小尺寸表征技术 ……………………………………………………………… (124)

5 高钢级管道环焊接头的完整性评价 …………………………………………………… (136)
 5.1 高钢级管道环焊缝完整性评价技术 …………………………………………………… (136)
  5.1.1 管道完整性管理技术 ………………………………………………………… (136)
  5.1.2 管道完整性管理流程 ………………………………………………………… (137)
 5.2 管道完整性检测技术 …………………………………………………………………… (137)
  5.2.1 管道内检测技术 ……………………………………………………………… (137)
  5.2.2 管道外检测技术 ……………………………………………………………… (142)
  5.2.3 超声导波检测技术 …………………………………………………………… (151)
  5.2.4 管道无损检测技术 …………………………………………………………… (153)
  5.2.5 环焊缝无损检测技术 ………………………………………………………… (155)
 5.3 完整性评价技术在实际工程中的应用 ………………………………………………… (157)
  5.3.1 内检测技术在陕京管道中的应用案例 ……………………………………… (157)
  5.3.2 Enbridge 公司管道完整性管理案例 ………………………………………… (162)
  5.3.3 Williams Gas 公司管道完整性实施案例 …………………………………… (163)
  5.3.4 TransCanada 公司管道完整性实施案例 …………………………………… (165)

主要参考文献 ………………………………………………………………………………… (169)

1　环焊缝焊接技术的发展历程概述

焊接技术是指通过加热、加压、同时加热加压或者其他方式,使两个分离的物体产生原子或者分子间结合成一体的连接方法。其焊接过程的物理本质是采用外部施加能量的方法,去除阻碍原子或者分子间结合的一层表面氧化膜和吸附层杂质,促使两个分离物体材料的原子或分子接近,形成相应的组合,得到一个冶金结合的焊接接头。焊接方法的分类方式有很多,根据焊接过程中的工艺特点,常见的焊接方法主要分为熔焊、压焊和钎焊3个大类。每个大类又包含很多种焊接方法。其中,熔焊是长输油气管道环焊缝焊接技术主要采用的一种焊接方法。

环焊缝焊接技术是一种常见的焊接技术(张辉等,2024)。它主要用于连接管道、容器等圆形或者弧形构件,如图1.1所示。环缝焊接技术的特点是焊接速度快、焊缝质量高、焊接效率高等,因此,在钢制管道焊接中得到广泛的应用。

图1.1　管道环焊缝示意图

1.1 常见环焊缝焊接技术

熔焊,又叫熔化焊,是一种最常见的焊接方法。所谓熔焊,是指焊接过程中,将连接处的金属在高温等的作用下至熔化状态的焊接方法,可形成牢固的焊接接头。由于被焊工件是紧密贴在一起的,仅在温度场、重力等而不施加压力的作用情况下,两个工件熔化的融液会发生混合现象,待温度降低后,熔化部分凝结,两个工件就被牢固地焊在一起,完成焊接。根据热源的不同,熔焊可分为埋弧焊、焊条电弧焊、药芯焊丝半自动焊、熔化极气体保护电弧焊、钨极气体保护焊、等离子弧焊、激光焊、电子束焊等。这类熔焊技术常常被应用于管道环焊缝焊接。

1.1.1 埋弧焊

弧焊(arc welding,AW)是电弧焊在焊剂燃烧的状态下进行焊接的熔焊焊接技术(解玲丽等,2024)。按照机械化程度,它可以分为半自动焊和自动焊两种。在半自动焊中,焊丝的送进是自动的,电弧的移动是手动的;而在自动焊中,焊丝的送进和电弧的移动均是自动的。自动焊的应用相对于半自动焊的应用较为广泛,因此,通常所说的埋弧焊是自动埋弧焊。

埋弧焊(submerged arc welding,SAW)的工作原理如图1.2所示。焊接电源的两极分别接到导电嘴和焊接件上,焊接时颗粒状焊剂由焊接漏斗经软管均匀地推敷到焊接件的焊接处,焊丝由焊丝盘经过送丝机构和导电嘴送入焊接区。电弧在焊剂下面的焊丝工件焊接处之间燃烧。埋弧焊的焊丝直径比较大,焊接电流大,可达1000A以上,适合中厚板长直缝焊接,

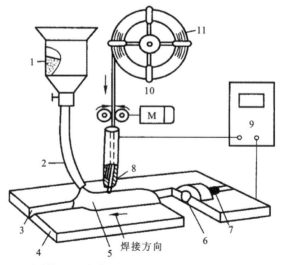

1.焊剂漏斗;2.软管;3.坡口;4.母材;5.焊剂;6.焊缝;
7.渣壳;8.导电嘴;9.电源;10.送丝机构;11.焊丝。

图1.2 埋弧焊工作原理示意图

具有生产效率高、焊缝质量好、焊接熔深大、机械化程度高等特点,因此,它主要用于焊接各种钢结构,广泛应用于船舶、锅炉、压力容器、工程机械等。另外,埋弧焊用于堆焊耐热、耐腐蚀合金,焊接镍基合金、铜基合金等也能获得较好的效果。

1.1.2 焊条电弧焊

电弧焊是利用电弧作为焊接热源的一种熔焊焊接技术(罗震等,2024)。利用手工操作焊条进行焊接的电弧焊方法,称为焊条电弧焊(shielded metal arc welding,SMAW)。

焊条电弧焊原理如图1.3所示。焊条电弧焊时,焊条和焊件分别作为两个电极,电弧在焊条和焊件之间产生。在电弧焊热量的作用下,焊条和焊件的局部金属同时熔化形成金属熔池,随着电弧沿着焊接方向的前移,熔池后补金属迅速冷却,凝固工程焊缝。焊条电弧焊具有设备简单、操作方便、适应性强等特点,因此,常常适用于2mm以上的各种金属材料和各种结构的焊接,非常适用于结构复杂、焊缝较小曲率或各种空间位置焊缝的焊接。它是长输管道焊接中最常见的焊接工艺。

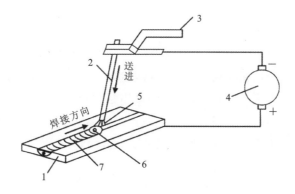

1.焊件;2.焊条;3.焊钳;4.焊机;5.电弧;6.熔池;7.焊缝。

图1.3 焊条电弧焊原理示意图

依焊接方向和焊条不同,可分为纤维素焊条下向焊、低氢焊条下向焊、低氢焊条上向焊、组合型焊接。

1. 纤维素焊条下向焊

纤维素焊条下向焊是目前国内长输管道普遍采用的焊接工艺,其根焊适应性强,具有单面焊双面成型的特性,普遍用于混合焊接工艺中的根焊,也可用于填充和盖面,其采用的典型焊条为E6010、E7010等。该焊接工艺主要适用于材质等级在X70以下的薄壁大口径管道焊接,具有优异的熔透和填充间隙能力,且熔敷速率高,根焊速率可达10~15cm/min;缺点是纤维素焊条的含氢量较高,可达40mL/100g,且焊缝的低温韧性和抗裂性较低氢焊条差。在寒冷地区焊接高强度管道时,应采取必要的焊前预热和层间保温措施,以防止产生裂纹。

2. 低氢焊条下向焊

低氢焊条下向焊采用低氢型焊条药皮，含氢量较低，一般小于 10mL/100g，代表性焊条为 E7015、E8018 等。该焊接工艺获得的焊接接头具有优良的低温韧性和抗断裂性能，主要适用于材质等级高、大壁厚、焊缝韧性要求高、输送酸性气体或高含硫油气介质、在寒冷环境中运行的管道焊接，其焊接速度与纤维素焊条相当；缺点是根焊的速度较纤维素下向焊慢，根焊适应性差，易出现未融合、未焊透、内咬边等根部缺陷，多用于管道的填充和盖面焊接。

3. 低氢焊条上向焊

低氢焊条上向焊具有优良的抗冷裂性能，即使焊接接头存在较大错边量，仍然具有较高的 RT 合格率，但焊接速度相对较慢，采用的代表性焊条为 E7016、E8016 等。该焊接工艺多用于小口径管道、长输管道连头口、碰死口的焊接，以及焊缝的返修。

4. 组合型焊接

组合型焊接是利用多种焊接方法共同完成一道环焊缝的焊接方法。它主要有多种组合方式：①根焊采用纤维素焊条下向焊，填充和盖面采用低氢焊条下向焊的焊接工艺，具有纤维素下向焊的根焊速度快、焊口组对要求低、根焊质量好、低氢下向焊填充和盖面速度快、层间清渣容易、盖面成型美观等优点；该混合型方法多用于焊接韧性要求高、材质级别较高、输送酸性介质、在寒冷环境中运行的管道。②根焊采用纤维素焊条下向焊，填充和盖面采用低氢焊条上向焊的焊接工艺，主要用于焊接壁厚超过 16mm 的管道。③根焊采用纤维素焊条上向焊，填充和盖面采用低氢焊条下向焊。上向焊工艺对坡口的精度要求低于下向焊工艺，故该组合型焊接工艺多用于连头口、碰死口和返修口的焊接。

1.1.3 药芯焊丝半自动焊

药芯焊丝半自动焊(flux-cored wire arc welding，FCAW)是一种发展较快的管道安装焊接方法，也叫填充金属电弧焊接。它是一种电弧焊接方法，带有熔化剂的金属焊丝，并且可以在电弧的热量下熔化，从而形成一个连接。它具有较高的经济指标且适合于各种工况的焊接而被广泛应用于管道焊接。它的药芯焊丝分为气体保护药芯焊丝(图 1.4)和自保护药芯焊丝。气体保护药芯焊丝的保护气体多为 CO_2，在焊接过程中形成气渣联合保护，在加强熔池金属保护效果的同时可以改善电弧的稳定性和焊缝的成型；而自保护药芯焊丝也是一种气渣联合保护的焊接方法，但是焊接时不需要加保护气体，而是由药芯高温分解释放出大量的气体对电弧和熔池进行保护。

1.1.4 熔化极气体保护电弧焊

熔化极气体保护电弧焊(gas metal arc welding，GMAW)是实用熔化电极，用外加气体作为电弧介质并保护电弧和焊接区的电弧熔焊方法。

1 环焊缝焊接技术的发展历程概述

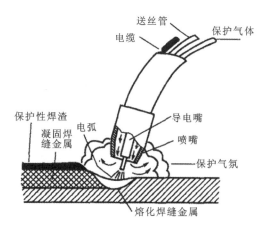

图1.4 气体保护药芯焊丝原理示意图

熔化极气体保护电弧焊的原理如图1.5所示,焊接时,保护气体从焊枪喷嘴中喷出,保护焊接电弧和焊接区域,焊丝由焊丝机构经导电嘴向待焊处不断送进,电弧在焊丝与工件之间燃烧,焊丝尖端被电弧熔化,以熔滴的形式向熔池过渡。冷却后焊丝和部分母材一起形成焊缝金属。熔化极气体保护电弧焊采用明弧焊,没有熔渣,熔池的可见度好,而且,保护气体是喷射的,适宜进行全位置焊接,不受空间位置的限制,有利于实现焊接过程的机械化和自动化。另外,熔化极气体保护电弧焊常用的气体有氩气、氦气、氮气、氢气、二氧化碳及混合气体,因此,其应用领域也非常广泛。实芯焊丝气体保护自动焊是熔化极气体保护电弧焊的一种,其原理是利用可熔实芯焊丝与被焊金属间形成的电弧熔化焊丝与母材形成焊缝。此种焊接工艺对焊工的要求较低,广泛应用于大口径、大壁厚的管道焊接领域,但是在野外作业时,应该配备相应的防风设施,并且全位置焊接对焊接装备及控制系统要求较高。自保护药芯焊丝自动焊具有自动化程度高、焊材利用率高、焊接熔敷量大、焊接质量好、焊渣薄、脱渣容易等优点,减少了层间清渣时间,其熔化速度比纤维素手工下向焊提高15%～20%,一般用于大管径、厚壁管的填充和盖面焊接。

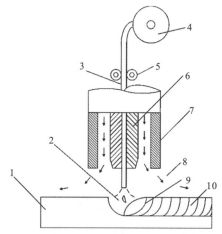

1.工件;2.电弧;3.焊丝;4.焊丝盘;5.送丝滚轮;
6.导电嘴;7.保护罩;8.保护气体;9.熔池;10.焊缝金属。

图1.5 熔化极气体保护电弧焊原理示意图

20世纪60年代,美国CRC公司开发了自动化GMAW,用于管道的焊接,从最初的40°坡口,焊枪沿直线行走,发展到窄间隙坡口,焊枪可以摆动,保证了坡口与侧壁的熔合。该自动焊机沿一个固定在管道上的简单导轨移动,管道两侧各有一台焊机,同时进行下向(从12点到6点的位置)焊接。随着焊接技术的发展,管道自动焊接技术得到不断的发展和完善,在实现高效焊接的同时获得了优质的焊缝,目前国内外很多管道设备供应商都可以提供此类焊接系统,如德国VIEFZ公司、法国SERIMERDASA公司、意大利PWT公司、加拿大RMS公司,国内的中国石油管道局研究院和中国石油工程技术研究院等也有类似产品(Schijve,2009)。

1.1.5 钨极气体保护焊

钨极气体保护焊简称TIG或GTAW,如图1.6所示(李代龙等,2024)。它是一种以非熔化钨电极进行焊接的电弧焊接方法,因此,属于不(非)熔化极气体保护焊。它利用钨电极与工件之间的电弧使金属熔化而形成焊缝。焊接中钨极不熔化,只起电极作用,电焊炬的喷嘴送进氦气或氩气,起保护电极和熔池的作用,还可根据需要另外添加填充金属。它利用电弧产生的热量来熔化基本金属和填充焊丝形成熔池,液态熔池金属凝固后形成焊缝,是连接薄板金属和打底焊的一种极好的焊接方法。另外,进行GTAW时,焊接区以遮护气体(普遍使用氩等惰性气体)阻绝大气污染,并通常搭配使用焊料(填充金属),但有些自熔焊缝可省略此步骤。焊接时,由传导通过高度离子化的气体和金属蒸汽(即等离子)的电弧,作为恒流焊接热源,提供能量。

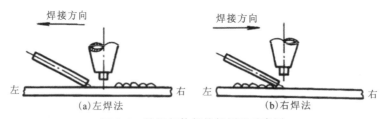

图1.6 钨极气体保护焊原理示意图

GTAW焊常用于焊接不锈钢和铝、镁、铜合金等非铁金属的薄板。相较于手工电弧焊和气体保护金属极电弧焊,它更易于控制焊接处,提高焊接品质。然而,GTAW较复杂、难以精通,而且焊接速度明显比其他焊接法缓慢。另一种类似于GTAW的焊接法是等离子弧焊,它使用稍微不同的焊炬,制造出更集中的焊接电弧,因此常被使用于自动化工艺。

1.1.6 等离子弧焊

等离子弧焊是借助水冷喷嘴对电弧的约束作用,获得较高的能量密度的等离子弧进行焊接的一种方法(高杰,2023)。它利用特殊构造的等离子焊枪所产生的高温等离子弧,并在保护气体的作用下,来熔化金属实行金属结构的焊接,如图1.7所示。等离子弧焊能够焊接大多数金属,适合于手工和自动两种操作,而手工等离子可以全位置焊接。因此,其应用范围比较广。

1 环焊缝焊接技术的发展历程概述

图 1.7 等离子弧焊示意图

1.1.7 激光焊

激光焊(laser welding,LW)是由激光器产生的方向性很强的高能密度激光束照射到被焊材料的表面,通过其相互作用,部分激光能量被吸收,从而使得被焊材料熔化、气化,最后冷却结晶形成焊缝的方法(杨磊等,2022)。激光焊的方向性好、亮度高、单色性强和相干性好,这些特性使激光能量在空间和时间上能够高度集中,是进行焊接和切割的理想热源。

激光焊与切割如图 1.8 所示,最大的优点是不需要真空,不产生 X 射线,同时,光束不受电磁场影响。但是激光焊一些高反射率的金属比较困难,通过表面处理、深熔焊、激光电弧复合焊等方法可以有效改善反射率高的问题。激光焊已经被广泛应用于仪器、微型电子工业中的超小型元件和航天设备中的特殊材料焊接。

 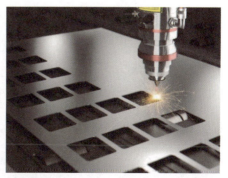

图 1.8 激光焊与切割

1.1.8 电子束焊

电子束焊(electron beam welding,WBW)是利用加速和聚焦的电子束轰击置于真空或非真空中的焊件所产生的热能进行焊接的方法,它属于高能密束熔焊的一种(赵连学,2022)。电子束焊可分为真空电子束焊和非真空电子束焊。如图1.9所示,电子产生、加速和会聚成束是由电子枪完成的。图中阴极又称为发射极,是灯丝被加热后以热发射方式逸出电子,在电场作用下,将沿着电场强度的反方向运动。通常在阴极与阳极之间加上几十千伏到几百千伏高电压,电子在离开阴极后被加速飞向阳极,穿过阳极中心小孔后借助惯性到达工件,当高速电子束撞到工件表面,电子的动能转变为热能,使金属迅速熔化和蒸发。在高压金属蒸汽的作用下熔化的金属被排干,电子束就能继续撞击深处的固体金属,很快在被焊的工件上"钻"出一个深熔小孔。小孔的周围被液体金属包围,随着电子束与工件的相对运动,液体金属沿着小孔周围流向熔池后部逐渐冷却,凝固形成了深宽比很大的焊缝。

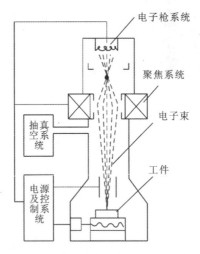

图1.9 电子束焊工作原理示意图

1.2 其他环焊缝焊接技术

近年来,复合焊是新型焊接方法研究方面取得的重要技术成果,它是将两种基本焊剂方法有机地复合在一起而形成的一种全新的焊接方法。这种方法既可以发挥不同焊接方法各自的优势,又能弥补单一焊接方法的不足,还能产生能量协同效应。因此,复合焊具有独特的优势,其应用前景非常广阔,也常被应用于管道环焊缝焊接。

1.2.1 激光-电弧复合焊

激光-电弧复合焊结合了激光焊和电弧焊两者的优点,如图1.10所示。激光焊工作于锁孔模式时,提供大的熔深和高速焊接,而电弧焊则提供了填充焊丝,并增加了对口间隙和错边的适应范围(李渊博等,2022)。对于薄壁管道(管径在12mm以下),焊缝可通过一个焊道完成,然后再用一道MIG焊进行盖面,可以实现焊接速度达1.5m/min。目前德国Vietz公司的管道激光焊接系统已经投入商业应用,美国EWI公司和BMT公司已完成了实验研究。科研机构正在全面开展该方面工作,包括适于现场焊接的便携式光纤激光器的开发、自动环缝焊接机器人的研制、激光-电弧复合焊接工艺技术的研究、焊接接头性能评价等,而该领域的工业应用还很少。激光技术向管道焊接施工现场推广的最大障碍是过于庞大的激光设备和较低的激光效率。

图1.10 激光-电弧复合焊示意图

随着高能光纤激光器的问世,这种问题将逐渐得到解决。而近几年发展起来的大功率小体积光纤激光器——Yb光纤激光器,光能转化效率高,能达到30%~45%,且结构紧凑。激光-电弧复合焊高效率和设备不易搬运的特点正好符合海洋管道建设时间成本昂贵、不需要频繁移动焊接设备的特殊要求,是以后该技术在管道焊接发展应用的主要方向。从一系列激光-电弧复合焊应用于管道焊接的研究进展可以看出,国外开展该项技术研究比较早,国内起步较晚。其中,中国石油天然气管道科学研究院最先开始研究也是仅有的几家研究单位之一,技术和研究成果处于国内领先水平。目前该机构已利用激光-电弧复合焊技术进行管道全位置焊接试验,成功焊接了管径1219mm、钝边高度8mm的X80钢管,无论从焊缝外观还是焊缝力学性能,均能适应长输管道焊缝合格标准。

1.2.2 等离子弧-GMA复合焊

等离子弧-GMA复合焊是由等离子弧与熔化极气体保护电弧焊(GMAW)复合而成的焊接工艺方法,它综合了等离子弧焊能量密度高、热量集中、穿透力强、电弧稳定性好和GMA

焊熔敷速度快、焊缝桥接能力强等优点。在等离子弧-GMA 复合焊中研究比较多的是等离子弧-MIG 同轴复合焊和等离子弧-MIG/MAG 旁轴复合焊。同轴复合焊是指两种焊剂方法的热源同轴地作用在焊件的同一位置；旁轴复合焊是指两种焊接方法的热源相互之间成一定角度地作用在焊件同一位置。等离子弧-MAG 复合焊的焊接速度约是传统 MAG 焊的 2 倍,具有熔深更大、热输入较低、热影响区较窄、不易引起变形、焊接飞溅显著减少等特点,因此,它有在长输管道焊接工程应用的可能性。

1.2.3 TIG-MIG 复合焊

TIG-MIG 复合焊是由 TIG 焊和 MIG 焊复合而成的一种焊接工艺方法,它分别利用两个独立的直流焊接电源。其中 TIG 焊采用直流正接,而 MIG 焊采用直流反接,两种焊枪的轴线互相之间成一定夹角,如图 1.11 所示。焊接时,TIG 弧在前,MIG 弧在后。先引燃 TIG 弧,使焊件表面局部熔化后,再引燃 MIG 弧,两者在焊件上共同形成一个熔池。传统 TIG 焊和 MIG 焊各自有优缺点:TIG 焊的电弧稳定,焊缝成型美观,但是焊接速度慢,效率低;MIG 焊的焊接速度快,效率高,但是当用纯氩气作为保护气时,电弧不稳定,焊道不规则,并容易产生缺欠,常常通入少量其他气体来提高电弧的稳定性。TIG 和 MIG 复合焊可以克服两者的缺点,优势互补,既可获得 MIG 焊的高效率,又可获得 TIG 焊的高质量,不仅焊缝成型好,波纹细致,没有氧化色彩,没有焊接缺陷,而且焊缝金属有比较高的冲击韧性。因此,在工业生产中特别适宜于对焊接质量和焊接效率均要求高的焊接产品。随着 TIG-MIG 复合焊的不断完善,这项技术在工业生产中将会获得更加广泛的应用。

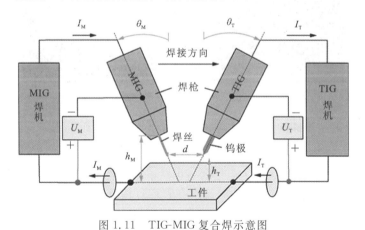

图 1.11 TIG-MIG 复合焊示意图

1.2.4 CMT 焊接技术

CMT 焊接技术的原理是在焊接开始,焊枪伺服电机驱动,焊丝与板材电弧引燃,焊丝熔化滴进熔池,当数字化的控制监测到一个短路信号,就会返回给送丝机,送丝机做出回应,迅速回抽焊丝,从而使得焊丝与熔滴分离,焊丝恢复到进给状态电弧再次引燃,循环往复到焊接结束,频率由送丝速度决定。整个焊接系统的运行均为闭环控制,如图 1.12 所示。而普通的 MIG/MAG 焊的送丝系统是独立的,没有实现闭环控制。

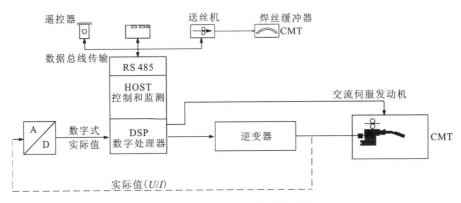

图 1.12　CMT 控制电路示意图

CMT 冷金属过渡焊接技术是一种无焊渣飞溅的新型焊接技术。它颠覆了传统,将焊丝的运动与焊接过程结合起来,严格控制熔滴过渡中的输入电流,大幅降低了焊接热输入。因此,CMT 焊接技术为 MIG/MAG 焊的应用开拓了新的领域,MIG/MAG 熔滴的形式也被赋予了全新的定义。

1.3　环焊缝焊接技术的发展历史

环缝焊接技术是一种常见的焊接技术,它主要用于连接管道、容器等圆形或者弧形构件,一般是将两个或者多个金属管子以环状形式焊接在一起,形成一个完整的管道系统。环缝焊接技术具有焊接速度快、焊缝质量高、焊接效率高等优点,因此,在钢制管道焊接中得到广泛的应用。经过几十年的不断发展,钢质管道的环缝焊接技术大致经历了手工电弧焊、半自动焊和自动焊 3 个阶段。

1.3.1　手工电弧焊

手工电弧焊是利用焊条和工件间的稳定电弧,使焊条和工件熔化,以获得牢固的焊接接头的一种方法,具有设备简单、移动便利、操作灵活等特点,是野外管道焊接施工中最常用的一种方法。按管道焊接的施焊方向,该方法可分为上向焊和下向焊两种方式。上向焊是从管道环焊缝的管底起弧、向上运条焊接到管顶的一种自下而上的焊接方式。下向焊则是沿管顶起弧、向管底焊接的一种方式。

手工电弧焊上向焊时管口组对间隙大,每一焊层厚度大,焊接过程容易产生缺陷。手工电弧焊下向焊时,管口组对间隙小,焊接过程中采用大电流多层快速焊接,适合于流水作业,焊接效率高。因此,下向焊与上向焊相比,不仅焊接速度快、薄层多焊,而且焊接质量也优于上向焊。为满足管口环焊缝全位置焊接的要求,国内外一般采用两种具有全位置焊接性能的焊条,即高纤维素焊条和低氢焊条。按焊接方向和焊条类型划分,手工电弧焊主要有纤维素焊条下向焊、低氢焊条上向焊、低氢焊条下向焊和组合焊接 4 种方法。

由于焊条手工电弧焊有设备简单、操作方便等优点,因此,中国油气管道焊接施工中使用过结构钢焊条、低氢型焊条、纤维素焊条等。1988年,中沧线天然气管道建设中首次应用铁粉低氢型焊条下向焊工艺。1996年,陕京线天然气管道工程中首次应用纤维素焊条下向根焊和铁粉低氢焊条下向填充盖面焊的混合工艺。焊条电弧焊成本较低,需要层间清渣,焊接速度缓慢,随着油气管道钢级、管径、壁厚的提升,工人劳动强度大、焊接质量不易保证的问题日益突出,已不能满足中国油气管道建设的需求。迄今为止,虽然焊条电弧焊已经不是中国油气管道建设的主要焊接方法,但在中俄原油管道、陕京四线及中俄东线等中国主要的油气管道建设中,焊条电弧焊仍是主要的返修用焊接工艺。

1.3.2 半自动焊

与手工焊相比,半自动焊实现了焊丝连续送进,减少了焊接接头,提高了焊接速度和效率。半自动焊接方法为纤维素型焊条手工下向根焊,自保护药芯焊丝半自动焊填充、盖面焊接。焊接熔敷效率高,全位置焊接成形好,环境适应能力强,是目前管道施工的一种重要的焊接工艺方法。20世纪90年代初应用自保护型药芯焊丝半自动下向焊工艺,90年代中期开始引进和研发管道自动焊技术和设备,并逐渐在管道建设中推广使用。早期的管道自动焊设备,由于价格因素多选择单焊炬外焊机,无内焊机。然而,采用手工根焊的自动焊机组受坡口形状、组对间隙等非一致性因素影响,焊接效率和合格率很难保证。因此,我国从国外引进和自主研发了用于根焊的内焊机、外焊机及坡口机作为自动焊机组的配套设备,同时对自动焊操作员提出了相应的素质要求,自动焊机组建设开始步入正轨。近年来,我国研发了双焊炬脉冲自动焊技术(PGMAW),并用于工程实际,使得焊接效率更高。

1995年,库鄯线原油管道工程首次应用了自保护药芯焊丝半自动焊工艺,完成了160km的试验段工程,随后,它在较长的一段时期内一直是中国管道焊接施工的主要焊接工艺。西气东输一线工程针对外径1016mm的X70钢级管道,广泛采用了纤维素焊条根焊+自保护药芯焊丝半自动焊填充、盖面焊接工艺;西气东输二线、中缅管道、中贵线等X80钢级管道的焊接工艺均以STT(surface tension transfer)根焊+自保护药芯焊丝半自动焊填充、盖面焊接工艺为主。

1.3.3 自动焊

目前,油气长输管道使用的自动焊技术主要包括4种:①采用内焊机进行环缝根焊,双焊枪气体保护实心焊丝外焊填充盖面焊接的全自动焊;②采用焊条电弧焊/钨极氩弧焊/RMD(regulated metal deposition)半自动根焊/STT半自动根焊,采用单焊枪气体保护药芯焊丝外焊填充盖面焊接的组合自动焊;③采用内外埋弧焊的方法进行钢管对接环缝的焊接;④采用气体保护实心/药芯焊丝外焊填充盖面焊接的外根焊全自动焊。

从国内近年来油气长输管道工程自动焊应用情况来看,自动焊工艺中内焊机根焊的全自动焊和组合自动焊技术相对成熟。自2016年中俄东线试验段开始大规模应用以来,在近年新建的唐山LNG外输管线、天津南港LNG应急储备项目外输管道等X80级大口径管道工程中都进行了推广应用。埋弧自动焊工艺主要用于钢管制管焊缝的焊接,在工程现场主要用作"双连管"的预制焊接。外根焊全自动焊工艺以带衬垫的外根焊全自动焊成套技术为典型代表,在海洋工程中有较多应用。自动焊技术焊接热效率高,人为因素影响小。西气东输管道工程自动焊接方法有以下几种:①自动内焊机根焊,自动外焊机填充、盖面焊接;②STT气体保护半自动焊根焊,自动外焊机填充、盖面焊接;③纤维素焊条手工电弧焊根焊,自动外焊机填充、盖面焊接。从近年国产自动焊装备在国家重点管道建设中的应用效果来看,管道自动焊的优势越来越显著。随着中国科技力量的不断加强及国家对安全、环保、高效、高质管道建设要求的不断提升,自动焊装备将会成为管道建设的首选。

1.4 国内外环缝焊接技术的发展

1.4.1 国外环缝焊接技术的发展

国外油气管道的环焊缝焊接方法多种多样。北美、欧洲等地区以自动熔化极气保护焊为主,纤维素和低氢焊条电弧焊为辅,中东、中亚等地区和俄罗斯、印度等国家的环焊缝焊接方法有手工纤维素焊条电弧焊、手工低氢焊条电弧焊、半自动自保护药芯焊丝电弧焊和自动熔化极气保护焊等。

国外自20世纪60年代末开始进行自动焊技术和设备的研发工作,如摩擦焊、闪光焊、电子束焊、药芯焊丝电弧焊、旋转电弧焊等。首次将GMAW用于管道自动焊接的是美国CRC公司,它于20世纪60年代开发成功CRC-EvansP系列管道全位置自动焊机,并应用于当时的管道工程建设。在20世纪七八十年代国际管道建设的高速增长期,随着计算机控制技术的成熟,管道自动焊技术和设备得到较快发展。目前,国外长输管道焊接施工主要以熔化极气保护自动焊为主、焊条电弧焊手工焊为辅,包括加拿大、法国、意大利等至少8个国家的20多家公司研发了管道自动焊技术和配套设备,焊接管道总里程超过50 000km。美国的CRC-EVANS技术和苏联的闪光对焊技术是具有代表性的管道自动焊设备及工艺。其中,美国CRC-EVANS公司的多头气保护管道自动焊系统由坡口机、内对口器与内焊机组合系统、外焊机3个部分组成,焊接方法为"气体保护+实心焊丝(GMAW)"和"气体保护+药芯焊丝(FCAW-G)",在世界范围内累计焊接管道长度超过34 000km。苏联管道闪光对焊系统(北方系列)的焊接方法为电阻焊,累计焊接大口径管道长度近$10\ 000\times 10^4$km,焊接效率高、环境适应性强,但受机组庞大、耗电量高、焊接头韧性差等经济和技术条件制约,在苏联解体后已不再使用。

20世纪七八十年代,国外已采用自动焊装备进行管道建设,目前应用最广泛的国外自动焊装备包括美国CRC-EVANS公司的PFM坡口机、IWM内焊机、P260单焊炬外焊机和P625双焊炬外焊机,焊接工艺主要采用内焊机根焊+外焊机填充盖面,在北美、欧洲、中东、非洲、亚洲,以及俄罗斯、澳大利亚等陆地管道中规模化应用。法国Serimax公司的PFM坡口机、MAXILUC带铜衬对口器、Saturnax系列的外焊机,焊接工艺主要采用带铜衬对口器+外焊机根焊+外焊机填充盖面(Leach,2001)。

当前针对X80管线钢管环缝焊接,国外相关企业、研究机构开展了大量研究工作,在焊接设备研制、焊接材料选配、焊接工艺制定、环缝焊接接头性能评价等领域解决了很多难点问题。早期的 X80 管道或试验段的建设受到焊接技术本身发展的限制，多采用手工焊或半自动焊施工，焊接效率较低，然而，由于前期大多属于短距离管线，手工焊和半自动焊的劣势不太明显。近期完工的美国 Cheyenne 管线工程长度约为 630km，大部分利用全位置自动焊接技术，施工单位配备 CRC-Evans 系列自动焊机，大大提高了施工效率和质量。欧洲 Europipe 公司在此领域涉足较早，主要配套自身钢管产品开展环缝焊接技术研究，包括手工焊、药芯焊丝半自动焊、气体保护全自动焊等，对管道焊接施工具有重要的指导意义；作为板管生产大型冶金联合企业，日本长野工业株式会社(NKK)的研究工作涵盖了管线钢板研制、制管焊接、钢管环缝焊接的一贯制技术内容，是钢铁企业中的典型；美国林肯电气公司在该领域的工作重点也是结合自身产品特点，开展新型脉冲逆变焊接电源和 X80 高强管道环缝焊接材料的研发，并通过环缝焊接性评价不断优化焊接材料工艺性能与使用性能；此外，其他焊接材料生产厂家也积极开展 X80 钢管配套焊接材料的研制，以期占领中国西气东输二线工程市场，如奥地利博乐(BOHLER)、美国霍巴特(HOBART)、瑞士 OERLIKON、日本 KOBE、中国台湾锦泰等；中国大陆焊材厂家也跃跃欲试，如天津市金桥焊材集团股份有限公司(简称天津金桥)研制出 JC-30 自保护药芯焊丝并成功应用于西气东输二线工程，许多厂家和某些高校、钢铁企业也在开展 X80 管道焊接用药芯焊丝和实芯焊丝的自主研发；英国焊接研究所(TWI)作为材料连接技术领域的世界研发中心在 X80 管线钢及钢管焊接领域开展了大量工作，主要包括激光-电弧复合焊接技术在管道环缝焊接中的应用和基于断裂力学原理的管道环缝焊接接头结构完整性评价、不同应力应变状态及腐蚀介质环境下的应力腐蚀性能，以及疲劳性能的研究，为管道设计施工提供参考。

另外，高钢级管道环焊缝失效问题在 10 年前就引起了美国管道行业的高度重视。2008—2009 年，美国在管道建设试压过程中发生了多次高钢级管道环焊缝开裂事件。随后美国运输部管道和危险材料安全管理局(Pipeline & Hazardous Materials Ssfety Administration,PHMSA)发布了两份公告：一是要求在钢管制造过程中，严格控制管材化学成分、屈服强度和抗拉强度，缩小材料成分及性能波动范围(ADB-09-01 公告)；二是要求在管道安装过程中，优化不等厚接头设计，减少错边量，严格进行焊接及检测过程质量控制，减少组对及焊接残余应力等(ADB-10-03 公告)。在采取上述措施后，美国新建高钢级管道环焊缝失效事件仍不断发生。例如，2014—2015 年，美国发生典型管道环焊缝失效事故 6 起，其中 4 起发生在服役初期，2 起发生在水压试验期间。从焊接方式来看，2 起为高频电阻焊钢管，4 起为螺旋缝埋弧焊钢管；从钢管材质来看，1 起材质为 X52,4 起材质为 X70,1 起材质为 X70-X80 过渡焊。X70 管道的 4 起失效焊口全部采用手工电弧焊焊接，X70-X80 过渡失效焊口为药芯焊丝填充和盖面焊接。美国管道行业 19 家单位启动工业联合研究项目(JIP)，旨在解决高钢级管道焊接问题，完善规范标准，为高钢级管道工程应用提供支持。国际管道联合会也加大研究力度，针对高钢级管道拟重新制定拉伸强度测试标准，重新制定屈服强度取值定义，完善焊接缺陷的评价方法等，希望从技术上降低环焊缝失效的风险。

1.4.2 我国环缝焊接技术的发展

我国管道环焊缝焊接技术经历了几次大的变革。

(1) 20 世纪 70 年代,我国主要采用传统的焊接方法,如低氢型焊条电弧焊上向焊、氩气体保护焊等。其中低氢型焊条电弧焊上向焊方法可适应的管口组对间隙大,采用断弧操作法完成,焊层厚度大,焊接效率和焊接质量低,主要用于站场的小口径工艺管道及一些返修焊缝的焊接。而氩气体保护焊主要特点是焊接质量高,管道在焊接后比较清洁;但是由于这种焊接方法的效率较低,抗风能也较差,因此,它不适合在大口径的长输管道建设中应用,主要适合在固定场所的站场建设中应用。另外,它可以作为打底焊,应用于一些小口径的打底焊。

(2) 20 世纪 80 年代开始,我国开始引进一些欧美的手工下向焊的技术,并且逐步地推广到许多焊接施工企业,主要有纤维素型焊条下向焊和低氢型焊条下向焊两种焊接方式。

纤维素型焊条下向焊的显著特点是根焊适应性强,根焊速度快,工人容易掌握,并且焊接质量高,因此,其合格率高,普遍应用于混合焊接工艺的根焊。这种焊接技术的另一个特点是熔透能力较大和填充间隙能力优异,对管道的对口间隙要求不高,其焊缝北面成型好,气孔敏感性小,容易获得高质量的焊缝。其不足在于,由于焊条熔敷金属扩散氢含量高,因此焊接时应该注意预热温度和层间温度的控制,以防止冷裂纹的产生。这种焊接技术是主线路中主要的根焊方法。

低氢型焊条下向焊方法可适应的管口组对间隙小,采用大电流、多层、快速焊的操作方法来完成,焊层厚度薄,焊接效率和质量高。这种方法灵活简便、适应性强,同时由于焊条工艺性能的不断改进,熔敷效率、力学性能仍能满足当今管道建设的需要。但是工人掌握难度较大,根焊较纤维素型焊条差,大多用来进行填充盖面焊接,主要应用于半自动焊和自动焊难以展开的地形中施工和管线接头的施焊。

(3) 20 世纪 90 年代起,我国从美国主要引进了自保护半自动焊接设备和工艺。这种工艺于 1995 年首次在突尼斯工程中得到应用,在以后的库鄯线、鄯乌线、涩宁兰、兰成渝、西气东输等管道工程中成为主要的焊接工艺,并在 1999 年苏丹输油管道建设中得到了大规模应用。实践证明,该焊接法的应用效果较好。国内在管道主体焊接中应用比较成熟的半自动焊工艺为纤维素焊条打底,自保护药芯焊丝或 CO_2 气体保护焊丝进行填充、盖面。药芯焊丝半自动焊抗风能力强,在风速为 8m/s 的环境中施焊,仍可获得性能优异的焊缝,而 CO_2 气体保护焊丝的抗风能力较差,当风速大于 2m/s 时,需采取有效的防风措施。半自动焊焊接设备较手工电弧焊设备复杂,适宜在地形较好的平原、低矮丘陵和坡度较缓的山区地段机械化流水线作业上应用。由于全位置打底焊的自保护药芯焊丝(如 Lincoln NR204)性能不稳定,焊缝组织和力学性能达不到规范要求,因此国内外很少使用。特别是在苏丹输油管道工程中,将 STT 型 CO_2 半自动焊接技术用于双连管工艺的打底焊,为完善长输管道主体管道半自动工艺提供了新的思路。STT 半自动焊接工艺具有电弧燃烧稳定、飞溅少、根焊焊道成型好、无须打磨、焊缝接头少、焊丝熔敷率高(可达 95%)、焊缝含氢量低、低温冲击韧性好的优点,通过在大港—永清输气管道和涩宁兰输气管道试验段的施工实践,用于主体管道根焊已经比较成熟,已作为一种主要的焊接方法应用于在建的西气东输工程中。

自保护药芯焊丝半自动下向焊工艺方法抗风能力极强,焊接时不需要保护气体,由送丝机构连续送丝,焊工采用手持半自动焊枪施焊。采用的焊接电流和焊接速度较焊条电弧焊均有较大增加,在提高熔敷效率的同时,减少了接头数量,焊接合格率大大提高。这种焊接方法的设备投资不大,利用率高,投资回收期短,且在焊接质量、生产效率、降低焊材消耗、节约能源等方面具有明显经济效益,非常符合我国的低成本焊接自动化理念,在我国管道工程建设中的应用发展最为迅速。

另外,我国在20世纪90年代还从美国引进了STT根焊技术。这种工艺焊接过程稳定,以柔和的电弧显著地减少了飞溅,减轻了焊接的强度。其主要特点是焊缝背面成型好、焊后不用清渣及使用CO_2气体和实心焊丝。它的焊接质量和焊接速度均优于纤维素型焊条,但是,这种焊接方法的焊接设备投资大,焊接的要求严格,另外由于STT焊接是气体保护焊,一般焊接环境对风力有要求,因此,在野外施工时应用防风措施。

(4) 从2001年开始,随着管道建设用钢管强度等级的提高,管径和壁厚的增大,在管道焊接施工过程中逐渐开始应用熔化极气体保护自动焊工艺。该方法的焊接接头综合性能优良,对施工组织管理要求高,焊接过程受人为因素影响小,焊接效率高,劳动强度小,在大口径、厚壁钢管和恶劣气候条件下的管道建设方面具有很大的潜力。随着自动焊应用平台的逐步成熟,管道自动焊的焊接质量和经济效益都得到不断提高,并逐渐成为管道建设的主要现场焊接方式。我国最早的管道自动焊应用记录是1999年的港京输气管道和郑州义马煤气管道,分别采用国外引进和国内研发的外焊机累计焊接8.8km管道环焊缝。2001年西气东输管道工程建设时期,管道自动焊的应用范围开始逐渐扩大,至今采用引进的国外设备和研发的国产设备累计焊接管道长度约2600km,在我国2000年以来管道建设总里程中所占比例不足10%,这与国外自动焊技术应用比例达管道建设总里程超过80%相比,是比较低的。

2005年11月宝钢钢铁钢管厂(简称宝钢)高频焊管(HFW)项目正式投产,填补了宝钢焊管产品生产的空白。2008年1月钢管厂直缝埋弧焊管(UOE)项目顺利投产,从此揭开宝钢焊管产品生产的新篇章。UOE项目是宝钢"十一五"重点规划项目,产线机组由德国SMS-MEER总装,内外焊接生产线从瑞典ESAB公司引进,其现代化和自动化程度均为当今世界之最。当前,X80及以下钢级多个规格管线钢管已经具备了按照API标准和西气东输二线企业标准组织开展UOE焊管生产及市场供货的资质,首批X80管线钢管也已经投入西气东输二线管道工程建设中。宝钢UOE焊管产品具有广阔的发展前途。

另外,半自动焊和手工焊仍是管道建设的可选择方法。在口径较小、强度等级较低的管线钢管现场焊接时,自保护药芯焊丝半自动焊和低氢焊条电弧焊的工艺仍是主要的焊接方法。受地理位置、地形条件、气候环境等外界因素的限制,不利于进行管道自动焊施工的管道,也将使用自保护药芯焊丝半自动焊和低氢焊条电弧焊的工艺。但在应用自保护药芯焊丝半自动焊工艺的管道段,需要对管线钢管的冶金成分进行必要限定,以确保环焊接头的力学性能满足工程要求。

(5)近十几年来,随着自动控制技术和电弧跟踪技术的不断完善,自动焊设备设计模块化和配件标准化,以及自动焊应用平台的成熟,自动焊操作变得更容易,设备生产和维护保养更加迅速和便捷,熟练的自动焊操作工队伍将不断扩大。这使得管道自动焊技术越来越适应石油天然气长输管道的现场焊接需求,其焊接质量和经济效益都得到不断提高,并逐渐成为大口径、高钢级管道建设的主要现场焊接方式。

全自动焊是借助机械和电气的方法使整个焊接过程实现自动化。目前国外用于管道焊接比较成熟的自动焊技术主要有实芯焊丝气体保护焊和药芯焊丝自(气体)保护焊技术。其中,实芯焊丝气体保护自动焊接技术减少了人为因素对焊接质量的影响,减轻了工人劳动强度,容易保证焊接质量,同时具有焊接速度快、焊接材料成本较低(比同条件下药芯焊丝成本低 20%)、对焊工的技术水平要求较低等优点,在国外已广泛应用于大口径、大壁厚的管道焊接领域。但由于管道环缝为全位置焊接,对焊接装备及控制系统要求较高,且全自动气体保护焊设备目前还存在造价高、维修难度大等缺点。药芯焊丝自动焊接技术包括药芯焊丝自保焊和药芯焊丝气保焊(CO_2 或 CO_2+Ar 等)两种方法,其焊接基本原理与实芯焊丝气体保护焊相似。药芯材料主要有矿物材料、钛合金透气剂、稳弧剂、造渣剂及还原剂等,与实芯焊丝相比,药芯焊丝的优点有熔敷速度快、焊接质量好、冲击韧性好、对各种管材的适应性好、设备投资成本比全自动气体保护焊少等。目前,国内管道应用全自动焊技术正处于起步阶段,先后在大港—永清输气管道和涩宁兰输气管道的施工中,采用 STT 打底焊,NOREAST 全自动填充、盖面。应用效果表明,焊缝表面成型规则、饱满,内在晶体组织较好,且与母材过渡圆滑;在涩宁兰输气管道试验段 4.2km 范围内,X 射线拍片 350 道焊口,一次合格率达到 97%,且每道焊口的电弧燃烧时间为 35min,全自动焊比手工焊效率提高 30%～40%。考虑到全自动焊设备较为复杂,尤其是采用实芯焊丝气保焊时,防风棚必不可少,全自动焊接一般应用于平原、微丘等地形较好施工地段的大口径、高壁厚管道。西气东输工程中全自动焊接应用程度高,主要集中于中部地段的黄淮平原和西部地段的戈壁、沙漠地段,采用焊丝为 AWS ER80S-G。

随着国家对清洁能源需求的不断增长,我国拥有的石油天然气长输管道里程逐年增长,管道建设用钢管的强度等级、管径、壁厚和输送压力逐步提高,因而对管道环焊缝质量和焊接施工技术提出了更高的要求。目前,我国管道建设中传统手工焊(SMAW)方法已逐渐被自保护药芯焊丝半自动焊(FCAW-S)和熔化极气保护自动焊(GMAW)方法取代,其中以自保护药芯焊丝半自动焊方法的发展最为迅速。然而,自保护药芯焊丝半自动焊方法用于合金含量较高的高强度等级钢管焊接时,存在焊缝金属夏比冲击韧性离散的现象,一般认为与母材冶金成分、药粉灌装均匀性、焊接过程稳定性、气候环境潮湿等相关,因而增加了控制现场焊接质量稳定性的难度。采用管道自动焊技术,环焊缝焊接接头的强度、韧性等综合性能优良,且可显著提高焊接效率、降低劳动强度,使管道的安全可靠性更高,在未来管道建设现场焊接施工中势必得到越来越多的应用。而西气东输二线 X80 管道工程的开工恰逢管道自动焊接技术大力发展时期,势必全面引入自动焊接技术。据悉整个西气东输二线干线 70% 以上采用自动焊接技术。今后,X80 乃至更高钢级管线工程施工时自动焊接技术也将成为首选。管道建设的发展需求将推动高强韧性能焊接材料的研发。随着高强度等级钢管 X70、X80 等应用比例的增多,对环焊接头高强度、高韧性的需要越来越迫切。如何确保自保护药芯焊丝的焊接接头韧性稳定,是焊材研发人员面临的课题,这甚至会影响到此类焊材在长输油气管道建设领域的应用前景。此外,为保证管道环焊缝的质量稳定性和使用安全性,未来的管道建设将增加自动焊技术的应用比例。全位置工艺性能良好、高强度、高韧性的气保护药芯焊丝、金属粉芯焊丝、实芯焊丝等焊材将会在管道建设领域逐渐得到更多的应用。

管道焊接技术的发展和进步将继续推动焊接设备的创新,为了能够满足手工焊、半自动焊等焊接工艺的管道焊接施工要求，焊接设备应具备不同使用环境条件下可靠性高、工艺适应性好、控制面板简单易懂及调节方便等特点。为满足管道自动焊的焊接施工要求，焊接电源应具有与焊接材料、焊丝直径、焊接参数等相适应的动特性和静特性，减少飞溅，保证焊接过程稳定，降低焊接缺陷率。

另外，随着国产化需求的增加，管道建设领域对高品质的焊接材料需求迫切，目前这类产品主要依赖国际市场，国内有质量保证、品牌影响的产品相对较少，要加强高强度、高韧性焊材的国产化研发。管道建设发展提出了大口径机械化管道切割机的需求，随着 f1016mm、f1219mm 及 f1422mm 等大口径、高钢级管道建设比例的增多，对较高切割精度、热影响区域小的机械式管道切割设备具有一定的需求。我国管道自动焊应用过程中，大多认为自动焊就是简单地用机器代替了人工操作，没有将自动焊应用与其上下游的工作过程和工作质量相关联。自动焊技术的优势是采用了机械化操作，焊接过程中最大限度地降低了人员因素对焊接质量的影响，焊接速度快。其技术特点是：焊接过程对坡口角度的微小变化、管口组对精度和焊炬对准坡口的准确程度等极为敏感，易在环焊缝相同位置产生长度和类型相同的系统性焊接缺陷。因此，需要将对管道自动焊焊接质量有影响的工作环节作为一个完整的应用技术进行系统管理。该应用技术体系包括施工地段纵向坡度、钢管支撑稳定性、管端椭圆度及管周长误差、坡口尺寸及光洁度、焊接轨道平整度及安装精度、焊接人员素质及操作熟练程度、自动焊设备、无损检测等大量、细致的前期准备和后期保障工作。只有该应用技术体系中的每一个环节都达到了所要求的技术指标，才能保证自动焊作业过程顺畅，机械化焊接质量可靠，从而实现管道自动焊施工高效率、高质量的目标。因此，我国管道自动焊应用技术尚有很大的提升空间。

1.4.3 环焊技术发展趋势

近年来，中国管道企业提出了"智慧管网"的建设理念，要求设计、采购、运输、施工、检测、防腐、运行、维护全过程的数据采集、传输、存储、分析等工作均满足智能化管道的建设要求，为云数据库提供数据基础，而手工焊和半自动焊已经基本不能满足该要求，必须采用自动焊技术，因而对自动焊装备提出了更高要求。自动焊技术是一项系统工程，包括坡口加工、管口组对、根焊、外焊等环节。目前，下向焊是施工现场最常用的焊接方式，具有焊接效率高的技术优势，但要保证焊接质量，必须对坡口加工、管口组对、根焊、填充盖面等环节提出更高的技术要求。随着我国工业和科技的不断发展，管道自动焊装备已实现国产化，配套服务也逐渐成熟，自动焊装备正迈向智能化。从近年国产自动焊装备在国家重点管道建设中的应用效果来看，其优势越来越显著。目前国产自动焊装备相关技术水平已基本与国外持平，但基础工业制造水平与国外仍有差距。因此，我国焊接技术的发展趋势主要体现在以下几个方面。

1. 提高焊接生产率

随着我国工业和科学技术的发展，环焊焊接技术也在不断发展。提高焊接效率是推动焊接技术发展的重要驱动力，其主要途径主要体现在 3 个方面：一是提高焊接速度；二是提高焊接熔敷效率；三是减小坡口断面和熔敷金属量。机械化和自动化是提高焊接生产效率、保障产品质量、改善劳动条件的重要手段。提高焊接结构生产的效率和质量,仅仅从焊接工艺上考虑有一定的局限性,更重要的是要提高产品的质量。

2. 提高焊接过程自动化和智能化水平

焊接过程自动化和智能化是提高焊接质量的重要方向。机器人是一个高度自动化的装备,但从自动控制的角度来看,它仍是一个程序控制的系统,因而它不太可能根据焊接时的具体情况进行适时调节。因此,智能化焊接成为当前焊接发展的重要方向之一。

随着智能化管道建设目标的提出,建设"全生命周期"管道提上日程。中俄东线作为智能化管道建设的试点工程,其自动焊装备必须具备数据采集和无线传输的功能。实现方法:在现场建立无线局域网络,将自动焊装备系统以 TCP/IP、MODBUS 等传输协议接入局域网中,通过传感器实时采集焊接过程中的电压、电流、焊接速度、送丝速度等参数,上传至基站,经 4G 网络传送回基地,完成数据的实时显示,该项技术为管道建设过程中大数据的分析、整理、判断提供了基础数据来源。目前,中国制造的自动焊装备已具备该功能。但是在智能化机器人方面仍然是初级阶段,这方面的研究及其发展将是一个长期的任务。

另外,随着高钢级、大口径、大壁厚管道的建设,以及对油气管道运行安全和环境保护要求的日益提高,传统的手工焊和半自动焊已不能满足施工质量和效率的要求,自动焊技术开始大面积推广应用。自动焊技术是基于坡口、组对、焊接于一体的管道施工技术,采用液压传动技术、机械制造技术、自动控制技术结合焊接工艺,完成现场管口的焊接任务,其焊接质量和焊接效率的稳定性在流水施工作业过程中优势明显。

3. 研究开发新的焊接热源

焊接新热源的研究和开发是推动行业技术发展的根本动力,可以促进新的焊接方法的产生。目前,焊接工艺几乎运用了世界上一切可以利用的热源,如火焰、电弧、电阻、激光、电子束、超声波、摩擦等,而新的、更好的、更有效的热源一直处于研发中。历史上每一种新的热源的出现,都伴随着新的工艺的产生,今后的发展主要从改善现有热源和开发新的、更有效的热源两个方面考虑。在改善现有热源,提高焊接效率方面,扩大能量利用,改善设备性能,提高能量利用率等方面都已取得不少进展。在开发新热源方面,首先可以采用两种热源叠加,以获得更强的能量密度。

2　管道结构完整性分析的基本力学理论

2.1　管道结构完整性概述

管道结构(pipeline structure)是用于输送液体、气体或松散固体的管道及其支承加固结构(图2.1)。管道在输送松散固体时用水或气体作介质。在服役过程中,管道必须能防漏和耐受所输送物质的温度、压力(主要是内压)、腐蚀和磨损作用。如输送原油和重油管道要求能承受约100℃的温度,蒸汽管道要承受约150℃的温度。给水管道的工作内压约为0.5~1.0MPa;压缩空气和蒸汽管道为0.8~1.3MPa。管道结构还要承受其自重、输送物料重和各种外荷载,如土荷载、水荷载、风和由风产生的振动荷载、人群,以及车辆和施工机械所产生的荷载、温度作用和地震作用等。

图2.1　常见的管道结构

承受高温高压的管道通常要用金属管,其中有压管道均用环形断面,主要材料为钢、铸铁、预应力混凝土、石棉水泥、塑料、玻璃钢(增强塑料)等。无压管道多为自流管道,其断面不限于环形,如城市的雨水和污水管、农田灌溉管等,主要用混凝土和钢筋混凝土、砖石砌体,陶土制品等(王强,2024)。

管道通常敷设在地下,当需要穿越海峡或江湖时可在水下或架空敷设,工厂矿山地区也可架空敷设。按管道敷设方式,它可分为地下管道、水下管道和架空管道(图2.2)3种。

图2.2 架空管道

管道一般由管体、管件和管道支架等组成。其中管体是管道的主体部分,通常由金属、塑料或复合材料等制成。根据管道的用途和工作环境不同,管体的直径、厚度和长度等参数也有所不同。管件用于连接不同的管体或改变管体的方向、角度或形状等。常见的管件包括弯头、三通、四通、异径管等,它们可以根据需要进行组合使用。管道支架用于支撑和固定管体,以避免管道在使用过程中产生变形或位移。常见的管道支架包括吊杆、支架、固定架等。法兰是一种用于连接管体和阀门、泵、过滤器等设备的配件,常用于大口径管道中。法兰通常由两个平面环形部件组成,它们之间通过螺栓连接,可以方便地拆卸和安装。密封件用于防止管道中的水或气体泄漏,常见的密封件包括橡胶垫片、填料等。密封件的材料和形状需要根据管道的介质和温度等条件进行选择。操作装置用于控制管道中流体的流量、压力和方向等,包括阀门、流量计、调节器等。这些装置可以手动或自动操作,用于管道的控制和调节(解玲丽等,2024)。

在服役过程中,管道可能受到内部介质或外部土壤环境的腐蚀,以及人类活动造成的第三方损伤,这会导致管壁材质劣化或产生几何缺陷。此外,管道在加工制造和施工期间遗留下来的缺陷也将随着管道服役时间的延长而逐渐演化,从而引发更严重的工程事故。在检测中发现管道产生了缺陷,则需要对其进行剩余强度和剩余寿命的评价,以制定科学合理的维修维护决策,节省不必要的维修费用,并保证管道安全运行。

实际工作中发现管道的缺陷形态是多种多样的,但主要可以分为3类,即体积型缺陷、面积型缺陷和几何凹陷。这3类缺陷导致管道失效的力学机理完全不同,因此采用的评价方法不同。

2.1.1 体积型缺陷评价

体积型缺陷指的是管壁的金属缺失,大多数情况下由腐蚀导致,是油气管道在运行管理中所遇到的最为常见的问题。这类缺陷的评价标准较多,常见的有 ASME B31G、SY/T 6151、DNVRP F101 和 API 579 等,下面以 ASME B31G 为例进行介绍。

最早的腐蚀缺陷评价方法是由美国机械工程师协会在 1984 年颁布的《确定腐蚀管道剩余强度手册》(ASME B31G—1984)。该标准是很多现行评价标准的基础,其前身是基于断裂力学理论的 NG-18 表面缺陷计算公式。在实际应用中,有学者发现这一标准过于保守,预测得到的失效压力远远低于实际压力。针对这一问题,Kiefner 等在 1989 年对原版标准进行了修正,得到了 ASME B31G—1991,即改进的 B31G 方法(ASME,1991)。使用改进的 B31G 方法对腐蚀管线进行评估时,消除了原版标准中的一些保守性,但对于一些特殊的情况,结果仍然不太理想。2009 年,在改进的 B31G 基础之上,该标准经历了进一步的修改,形成了现行的新版 B31G 方法。

运用该方法进行管道评估,首先需要收集评价参数,如管道的直径和壁厚、腐蚀区域最大深度和长度、管材的材料性能参数等。在新版 B31G 方法中,按式(2-1)计算缺陷处的失效压力:

$$p_\mathrm{F} = \frac{2t}{D} S_\mathrm{flow} \frac{1-0.85d/t}{1-0.85d/(tM)} \tag{2-1}$$

其中,

$$M = \begin{cases} \sqrt{1+0.6275z-0.003375z^2} & z = \dfrac{L^2}{Dt} \leqslant 50 \\ 0.032z+3.3 & z = \dfrac{L^2}{Dt} > 50 \end{cases}$$

式中:p_F 为含缺陷管道的失效压力,MPa;S_flow 为流变应力,MPa;D 为管道直径,mm;t 为管道壁厚,mm;d 为腐蚀区最大深度,mm;L 为腐蚀区轴向长度,mm;M 为膨胀系数,1/℃。

对于流变应力,新版 B31G 方法中没有明确规定使用哪种定义,而是给出了如下 3 种定义供选择。

(1)碳素钢的工作温度低于 120℃时,$S_\mathrm{flow} = 1.1 \times \mathrm{SMYS}$,$S_\mathrm{flow} \leqslant \mathrm{SMTS}$,其中 SMTS 为规定的管材最低屈服强度。在原始 B31G 方法中曾使用的是此定义,并且在零级评价中仍保留使用。新版 B31G 一级评价中的原始方法仍推荐使用此定义。

(2)碳素钢和低合金钢的 SMYS 不超过 483MPa 且工作温度低于 120℃时,$S_\mathrm{flow} = \mathrm{SMYS} + 69$,$S_\mathrm{flow} \leqslant \mathrm{SMTS}$。

(3)碳素钢和低合金钢的 SMYS 不超过 551MPa,即 $S_\mathrm{flow} = (\mathrm{SMYS} + \mathrm{SMTS})/2$,其中 SMTS 为规定的管材最低拉伸强度。

然后将上述公式确定的失效压力 p_F 与管道的运行压力 p_0 进行比较。定义可接受的安全系数 SF,比较 p_F 和 $\mathrm{SF} \times p_0$。当失效压力 $p_\mathrm{F} \geqslant \mathrm{SF} \times p_0$ 时,缺陷可接受;否则,缺陷不可接受,管道压力需降低至安全操作压力 p_s。安全操作压力的计算公式为

$$p_s = \frac{p_F}{\text{SF}} \tag{2-2}$$

B31G 方法中推荐的最小安全系数等于最小水压试验压力与最大允许运行压力的比值,通常不小于 1.25。评估检测识别出的缺陷时,使用的安全系数越大,可以接受的缺陷就越小。

2.1.2 焊缝缺陷评价

焊缝缺陷一般可以抽象为裂纹。这类缺陷往往由早期制造与安装过程中产生的微观缺陷的演化而成,会对管道的正常运营造成严重危害。裂纹类缺陷的评价始于 20 世纪 60 年代至 70 年代初。原始的"断裂起始"准则主要针对多行业中存在的表面裂纹和穿透裂纹,材料范围可适用于 B 级到 X70 级管线钢,使用准则中的公式可以预测出初始缺陷能够承受的最大压力。

管道轴向裂纹分析的最常用方法是修正的 Dugdale 塑性区校正方法(Dugdale,1960),该方法最初用于轴向穿透缺陷,后来通过经验修正后用于轴向表面缺陷,其表达式如下:

$$\frac{\pi K_c^2}{8c\sigma_f^2} = \ln\left(\sec\frac{\pi M_T \sigma_h}{2\sigma_f}\right) \tag{2-3}$$

式中:$2c$ 为轴向穿透裂纹的总长度,mm;σ_f 为流动应力(定义为屈服强度和极限强度的平均值),MPa;σ_h 为管道的环向应力,MPa·m^{-1};K_c 为临界平面应力强度因子。为了考虑膨胀效应,引入了轴向穿透裂纹的 Folias 膨胀系数,其表达式为 $M_T = \sqrt{1 + 1.61c^2/(Rt)}$,其中,$R$ 为等效半径,mm,t 为管壁厚度,mm。

在工程实际应用中,需要确定 K_c 和材料的流动应力、K_c 和夏比"V"形缺口上平台冲击功之间的关系,可以用式(2-4)表示:

$$\frac{12C_V}{A_c} = \frac{K_c^2}{E} = G_c \tag{2-4}$$

式中:C_V 为夏比"V"形缺口冲击功,J;A_c 为全尺寸夏比试样的净截面面积,mm^2;E 为弹性模量,MPa;G_c 为平面应力应变能释放率,N·mm^{-1}。

整理后可以得到:

$$\frac{12C_V E}{8c\sigma_f^2 A_c} = \ln\left(\sec\frac{\pi M_T \sigma_h}{2\sigma_f}\right) \tag{2-5}$$

2.1.3 几何凹陷评价

凹陷是管道上的几何缺陷,是指管壁受外部挤压或碰撞产生径向位移而形成的局部塌陷(图 2.3),其产生原因是管道与其他物体的物理接触、不恰当的安装或地层位移等。凹陷威胁着管道的安全运行,严重的凹陷会立即导致管道失效,或者降低管道的承压能力。另外,凹陷会阻止清管器的通过,妨碍清管和管壁检测,给管道的监测和管理带来困难。

1. 应变计算

管壁的应变分量为环向弯曲应变、轴向弯曲应变、轴向薄膜应变,分别表示为

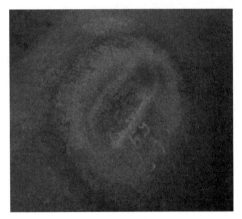 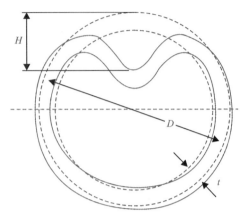

图 2.3 凹陷示例及定义

$$\varepsilon_{xb} = \frac{t}{2}\left(\frac{1}{R_0} - \frac{1}{R_1}\right) \tag{2-6}$$

$$\varepsilon_{yb} = -\frac{t}{2R_2} \tag{2-7}$$

$$\varepsilon_{ym} = \frac{1}{2}\left(\frac{d}{L}\right)^2 \tag{2-8}$$

式中：t 为管壁厚度，mm；R_0 为管道内径，mm；R_1 为凹陷环向曲线的曲率半径，mm；R_2 为凹陷轴向曲线的曲率半径，mm；L 为凹陷长度，mm，d 为凹陷深度，mm。

管道凹陷环向、轴向曲线如图 2.4 和图 2.5 所示。管道环向凹陷曲线有两种情况：如果凹陷只是导致管道扁平，则 R_1 的值是正的；如果凹陷导致管道管壁曲线翻转即再凹进去，则 R_1 的值是负的。

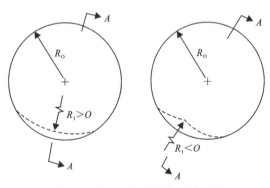 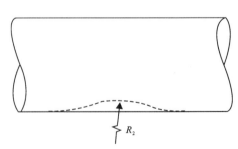

图 2.4 无凹角与有凹角管道截面　　　　图 2.5 轴向凹陷曲线

总之，管道内外表面的合成应变可以分别表示为

$$\varepsilon_i = \sqrt{\varepsilon_{xb}^2 - \varepsilon_{xb}(\varepsilon_{yb} + \varepsilon_{ym}) + (\varepsilon_{yb} + \varepsilon_{ym})^2} \tag{2-9}$$

$$\varepsilon_o = \sqrt{\varepsilon_{xb}^2 + \varepsilon_{xb}(\varepsilon_{ym} - \varepsilon_{yb}) + (\varepsilon_{ym} - \varepsilon_{yb})^2} \tag{2-10}$$

2. 疲劳寿命评估

疲劳是凹陷的主要失效机理，对凹陷疲劳寿命的预测有多种评估方法，在此主要介绍 SES(stress engineering services)方法(Kiefner and Uieth, 1989)。这一模型亦基于 S-N 曲线和应力集中因子，并对单纯凹陷和含划伤凹陷的疲劳寿命分别作了预测。单纯凹陷的疲劳寿命公式如下：

$$N = 2.0 \times 10^6 \left\{ \left[\frac{\Delta \sigma}{\Delta p}\right] \frac{\Delta p}{11400} \right\}^{-3.74} \tag{2-11}$$

其中，$\left[\dfrac{\Delta \sigma}{\Delta p}\right]$ 为应力增强因子，可由有限元计算得出；Δp 为最大压力和最小压力的差值，MPa。

SES 提出的含划伤凹陷寿命预测公式如下：

$$N = 4.424 \times 10^{23} B \left\{ \left[\frac{\Delta \sigma}{\Delta p}\right] \Delta p \right\}^{-4} \tag{2-12}$$

式中，B 为影响因子，反映划伤对凹陷的影响。这种方法基于 S-N 曲线，需要采用应力集中因子等手段计算得出凹陷区域的局部应力/应变值，将小试件的应力-寿命曲线转换为管道的寿命曲线。

2.1.4 腐蚀缺陷增长预测

对含有体积型腐蚀缺陷的管道的剩余寿命预测，实际是预测管体腐蚀演化趋势，预测管体壁厚减薄趋势，预测其在满足剩余强度及其安全性要求的前提下的腐蚀管线剩余寿命，从而可以有针对性地提出控制腐蚀演化及其计划性维修的对策措施。

油气输送管道在不同区段的管体腐蚀差别很大，这是由于影响不同区段的管体腐蚀的现场条件存在差别，从而产生管体腐蚀的机制有所差异。油气输送管道的腐蚀主要表现为外腐蚀。从总体来看，管线的外腐蚀主要与防护层开始老化龟裂破损的时间、管线环境下腐蚀性介质侵入管体外壁的时间直接相关，与防腐层老化龟裂破损的程度和侵入管体壁腐蚀性土壤的介质浓度、侵入量和维持腐蚀条件直接相关，而且还与进入相邻局部管段外壁土壤介质成分的差异性、阴极保护情况、是否有杂散电流、环境温度等相关。因此，对腐蚀管道的剩余寿命进行预测，必须要有反映管道腐蚀过程的阶段性检测数据，在全线腐蚀检测、局部开挖管体腐蚀检测、现场埋片腐蚀速率测定所获数据的基础上而确定的不同区段管体腐蚀速率来建立剩余寿命预测模型，从而获得更高的预测精度。

腐蚀增长预测的模型一般有线性外推法、回归方程法和灰色理论等。所谓线性外推，就是在均匀腐蚀的大面积管段，利用两次腐蚀检测数据，作线性外推，即假设管线的腐蚀速率是按线性规律变化的，来预测剩余壁厚达到该管段所允许的最小壁厚的时间，进而得出管线的腐蚀剩余寿命。设 T_1、T_2 为两次检测的具体时间，两次检测的腐蚀深度分别为 d_1、d_2，则剩余壁厚分别为 t_1、t_2，$t_{\min}$ 为所要预测的管段允许的最小壁厚，t_0 为管道的初始壁厚。通过线性外推，可以得到管壁减薄到 $t_{\min}$ 时所对应的时间：

$$N = 4.424 \times 10^{23} B \left\{ \left[\frac{\Delta \sigma}{\Delta p}\right] \Delta p \right\}^{-4} \tag{2-13}$$

故该管段距第二次检测时间 T_2 的剩余寿命为 $T_n = T - T_2$。

由于该方法将腐蚀深度 d(剩余壁厚 t)看作检测时间 T 的一次线性函数,故服役期间任意时刻 T 的腐蚀深度(剩余壁厚 t)也可由外推法确定:

$$d = \frac{d_2 - d_1}{T_2 - T_1}(T - T_1) + d_1 \tag{2-14}$$

$$t = \frac{t_2 - t_1}{T_2 - T_1}(T - T_1) + t_1 \tag{2-15}$$

2.1.5 疲劳裂纹扩展寿命预测

疲劳(fatigue)是由应力重复循环造成的材料削弱。其削弱程度取决于应力循环的次数和应力水平,另外管道的表面状况、几何形状、加工过程、断裂韧性、温度和焊接工艺等均是影响疲劳破坏的敏感因素。管道内压的波动,以及车辆在埋地管道上方的行驶、水下管道的涡激振动等外载荷引起的应力变化,均可能随着循环次数的增长,造成管道内缺陷的疲劳扩展。当裂纹扩展至某一临界值时会造成管道的疲劳断裂,引发泄漏事故。

含有初始裂纹的构件在承受静载荷时,只有其应力水平达到临界应力时,即裂纹尖端的应力强度因子达到临界值时,才会发生破坏。如果应力未达到临界应力,在静载荷的情况下,结构应该是安全可靠的。但是,假如构件承受交变应力(alternative stress),那么这个初始裂纹便会在交变应力作用下发生缓慢的扩展,当它达到临界尺寸时,同样会发生失稳破坏。裂纹在交变应力作用下,由初始值扩展到临界值的这一过程,称为疲劳裂纹的亚临界扩展。由此可见,一个具有一定长度裂纹的管道,虽然在静载荷下不会引起破坏,但在交变载荷下,由于裂纹具有亚临界扩展特性,经过若干次循环后,也或发生突然断裂。

疲劳裂纹的扩展速率表示交变应力每循环一次裂纹长度的平均扩展量,它是含裂纹管道的剩余寿命预测的理论基础。在实际工程中,几种管道钢的疲劳裂纹扩展速率如下。

16Mn 管道钢(取自秦京管道):

母材:

$$\frac{\mathrm{d}a}{\mathrm{d}N} = 2.11 \times 10^{-10} (\Delta K)^{2.752} \tag{2-16}$$

焊缝:

$$\frac{\mathrm{d}a}{\mathrm{d}N} = 1.93 \times 10^{-13} (\Delta K)^{3.323} \tag{2-17}$$

X52 管道钢(取自轮库管道):

母材:

$$\frac{\mathrm{d}a}{\mathrm{d}N} = 3.479 \times 10^{-10} (\Delta K)^{3.856} \tag{2-18}$$

焊缝:

$$\frac{\mathrm{d}a}{\mathrm{d}N} = 9.795 \times 10^{-10} (\Delta K)^{3.471} \tag{2-19}$$

对 Pairs 公式积分,可以得到:

$$N = \int_{a_0}^{a_c} \frac{\mathrm{d}a}{C\,(\Delta K)^n} \tag{2-20}$$

式中:a_0 为初始裂纹尺寸;a_c 为临界裂纹尺寸;N 为裂纹失稳扩展前总的循环次数。在得到循环次数 N 后,再根据管道压力循环的时间间隔,就可以求出含疲劳裂纹管道的剩余寿命。

ΔK 的计算:

$$\Delta K = Y \Delta \sigma \sqrt{2\pi} \tag{2-21}$$

式中:Y 为与结构形状有关的形状系数,一般 $\Delta\sigma$ 与裂纹尺寸无关。

如假定 Y 与裂纹尺寸关系不大时,则可直接用积分的方法来计算寿命:

$$N = \int_{a_0}^{a_N} \frac{1}{C\,(Y\Delta\sigma)^n\,(\pi a)^{\frac{n}{2}}} \mathrm{d}a \tag{2-22}$$

上式积分后可求得裂纹从 a_0 扩展到 a_N 时的循环次数 N 为

$$N = \frac{2}{2-n}\,\frac{1}{CY\Delta\sigma\sqrt{\pi}^n}(a_N^{1-\frac{n}{2}} - a_0^{1-\frac{n}{2}}) \tag{2-23}$$

或者

$$a_N = \left[a_0^{1-\frac{n}{2}} + \frac{2-n}{2}NC\,(Y\Delta\sigma\sqrt{\pi})^n\right]^{\frac{2}{2-n}} \tag{2-24}$$

式中:a_0 为原始长度;a_N 为裂纹经 N 次循环后的裂纹长度。没有确定单位,根据实际情况变化。

值得说明的是,疲劳裂纹的扩展是一个非常复杂的过程,上述算法并未计及管道的工作环境、平均应力、循环频率、温度等因素对疲劳裂纹扩展速率的影响,故在实际应用中有必要考虑一定的安全系数。

实际情况往往是变幅载荷,正常运行时,由于内压的波动 15%~20%,而当意外停输时,全线压力可能降到 1MPa 以下。对此,采用等效特征应力强度因子 ΔK_e 来描述变幅载荷下的疲劳裂纹扩展速率。当管道受到若干种循环应力时,其应力强度因子的变化幅度为所有载荷的应力强度因子范围的几何平均值,即

$$\Delta K_e = \frac{\sum \Delta K_i N_i}{\sum N_i} \tag{2-25}$$

式中,N_i 为相应于 ΔK_i 的循环次数。将得到的 ΔK_e 代入 Paris 公式代替原来的 ΔK,就可求出变幅情况下管道疲劳剩余寿命。

2.2 结构中的应力和应变

管道结构完整性评估的一个核心问题就是其失效破坏现象,这个过程需要首先求解出结构中每一点的应力和应变,然后进行强度校核。这就首先需要介绍一些关于力学的基础知识。

2.2.1 体积力、表面力

能够导致物体变形和产生内力的物理因素都称为载荷(load),共分成两大类:第一类载荷,例如重力、机械力和电磁力等,可以简化为作用在物体上的外力,由外力再引起物体的变形和内力;第二类载荷,例如温度和中子辐射等物理因素,则直接引起物体变形,仅当这种变形互不协调或受到约束时,物体内才产生内力。

根据作用域的不同,外力可以分为体积力和表面力。

体积力是作用在物体内部体积上的外力,简称体力,例如重力、惯性力、电磁力等。通常表示为矢量:

$$f = \lim_{\Delta V \to 0} \frac{\Delta \boldsymbol{F}}{\Delta V}$$
$$= \frac{\mathrm{d} \boldsymbol{F}}{\mathrm{d} V} \tag{2-26}$$

式中:ΔV 为受力体作用的微元体的体积;$\Delta \boldsymbol{F}$ 为 ΔV 上外力的合力;f 一般是空间点位的函数。

表面力是作用在物体表面上的外力,简称面力,例如液体或者气体的压力、固体间的接触力等。通常用矢量表示为

$$t = \lim_{\Delta A \to 0} \frac{\Delta \boldsymbol{T}}{\Delta A}$$
$$= \frac{\mathrm{d} \boldsymbol{T}}{\mathrm{d} A} \tag{2-27}$$

式中:ΔA 为受面力作用的微小面元的面积;$\Delta \boldsymbol{T}$ 为 ΔA 上外力的合力;T 一般是表面点位的函数。

2.2.2 截面上的内力

在外力作用下物体发生变形,变形改变了分子间距,在物体内形成一个附加的内力场。当这个内力场足以和外力平衡时,变形不再继续,物体达到平衡。

将弹性体假想地用一个截面分成两部分,则截面上会分布着一堆非常复杂的力,组成一个力系。为了定量研究这一力系的性质,采用力系简化原理加以简化。

弹性体截面上的分布力向作用面内一点 O 简化,可以得到一个力和一个力偶(图 2.6):

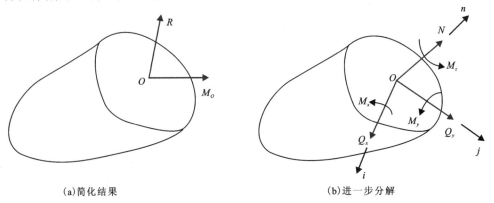

(a)简化结果　　　　　　　　　　　(b)进一步分解

图 2.6　截面上的内力

$$\boldsymbol{R} = N\boldsymbol{n} + Q_x\boldsymbol{i} + Q_y\boldsymbol{j} \tag{2-28}$$

$$\boldsymbol{M}_O = T\boldsymbol{n} + M_x\boldsymbol{i} + M_y\boldsymbol{j} \tag{2-29}$$

式中：N 为轴力；Q_x 和 Q_y 为剪力；T 为扭矩；M_x 和 M_y 为弯矩。

2.2.3 全应力

设 $\boldsymbol{n}$ 为截面的法线方向单位矢量，$\boldsymbol{\tau}$ 为面内的单位矢量，则定义全应力(full stress)：

$$\boldsymbol{p} = \lim_{\Delta A \to 0} \frac{\Delta \boldsymbol{F}}{\Delta A} = \frac{\mathrm{d}\boldsymbol{F}}{\mathrm{d}A} \tag{2-30}$$

这是一个作用在法线为 $\boldsymbol{n}$ 的面元上的应力矢量(图 2.7)。

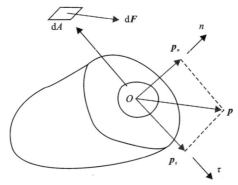

图 2.7 截面上的全应力

$\boldsymbol{p}$ 的方向一般不与 $\boldsymbol{n}$ 重合，因此可以写成

$$\begin{aligned}\boldsymbol{p} &= \boldsymbol{p}_n + \boldsymbol{p}_\tau \\ &= p_n\boldsymbol{n} + p_\tau\boldsymbol{\tau}\end{aligned} \tag{2-31}$$

式中：p_n 为 $\boldsymbol{n}$ 方向上的分量，即截面上的正应力大小；p_τ 为 $\boldsymbol{\tau}$ 方向上的分量，即截面上的切应力大小。

应力矢量和面力矢量的数学定义和物理量刚都相同，区别在于：应力是作用在物体内截面上的未知内力；而面力是作用在物体外表面上的已知外力。当内截面无限趋近于外表面时，应力也趋近于外加面力的数值。

2.2.4 一点的应力和应变状态

在笛卡尔坐标系中，用 6 个平行于坐标面的截面在 P 点的邻域内取出一个正六面体微元。其中外法线方向与坐标轴 x_i 同向的 3 个面元称为正面，对应的单位法向矢量 $\boldsymbol{e}_i$。另外 3 个外法线与坐标轴反向的面元称为负面，它们的法向单位矢量为 $-\boldsymbol{e}_i$。

在正面上 $\boldsymbol{e}_1$：σ_{11}，σ_{12}，σ_{13}。

在正面上 $\boldsymbol{e}_2$：σ_{22}，σ_{21}，σ_{23}。

在正面上 $\boldsymbol{e}_3$：σ_{33}，σ_{31}，σ_{32}。

即 9 个应力分量组成一个二阶矩阵(图 2.8)：

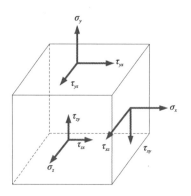

图 2.8 一点的应力状态

$$\begin{pmatrix} \sigma_{11} & \sigma_{12} & \sigma_{13} \\ \sigma_{21} & \sigma_{22} & \sigma_{23} \\ \sigma_{31} & \sigma_{32} & \sigma_{33} \end{pmatrix} \tag{2-32}$$

其中第一指标 i 表示面元的法线方向,称为面元指标。第二指标 j 表示应力的指向,称为方向指标。当 $i=j$ 时,应力分量垂直于面元,称为正应力或者法向应力。当 $i \neq j$ 时,应力分量作用在面元平面内,称为剪应力。

考虑到切应力互等,即 $\sigma_{ij} = \sigma_{ji}$,则上述矩阵为一个对称矩阵,其中的指标 1、2、3 分别对应于 x、y、z,则该矩阵可以进一步写成:

$$\begin{pmatrix} \sigma_x & \tau_{xy} & \tau_{xz} \\ \tau_{yx} & \sigma_y & \tau_{yz} \\ \tau_{zx} & \tau_{zy} & \sigma_z \end{pmatrix} \tag{2-33}$$

注意:目前学过的全应力为一个矢量,而应力张量为二阶张量,具有 6 个独立的应力分量。

其分量符号定义为:正面上与坐标轴同向为正;负面上与坐标轴反向为正。这个规定正确地反映了作用与反作用原理,以及受拉为正、受压为负的观点。9 个应力分量是物体内一点应力状态的一种全面描述。

类似地,在任意一点处可以定义由 9 个应变分量组成的二阶矩阵:

$$\begin{pmatrix} \varepsilon_{11} & \varepsilon_{12} & \varepsilon_{13} \\ \varepsilon_{21} & \varepsilon_{22} & \varepsilon_{23} \\ \varepsilon_{31} & \varepsilon_{32} & \varepsilon_{33} \end{pmatrix} \tag{2-34}$$

与应力分量的定义相同,式(2-34)中第一指标 i 表示面元的法线方向,称为面元指标。第二指标 j 表示应变的指向,称为方向指标。当 $i=j$ 时,应变分量垂直于面元,称为正应变。当 $i \neq j$ 时,应变分量作用在面元平面内,称为切应变。

考虑到切应变互等,即 $\varepsilon_{ij} = \varepsilon_{ji}$,则上述矩阵为一个对称矩阵,其中的指标 1、2、3 分别对应于 x、y、z,该矩阵可以进一步写成:

$$\begin{pmatrix} \varepsilon_x & \varepsilon_{xy} & \varepsilon_{xz} \\ \varepsilon_{yx} & \varepsilon_y & \varepsilon_{yz} \\ \varepsilon_{zx} & \varepsilon_{zy} & \varepsilon_z \end{pmatrix} \quad (2\text{-}35)$$

注意：工程剪应变与上述定义的切应变分量之间存在关系。

$$\gamma_{xy} = 2\varepsilon_{xy} \quad (2\text{-}36)$$

$$\gamma_{yz} = 2\varepsilon_{yz} \quad (2\text{-}37)$$

$$\gamma_{zx} = 2\varepsilon_{zx} \quad (2\text{-}38)$$

2.2.5 等效应力和等效应变

首先定义应力和应变的迹为

$$\Theta = \sigma_x + \sigma_y + \sigma_z \quad (2\text{-}39)$$

$$\theta = \varepsilon_x + \varepsilon_y + \varepsilon_z \quad (2\text{-}40)$$

进一步定义偏应力和偏应变（图 2.9）：

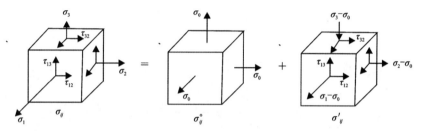

图 2.9 应力分解关系

$$\sigma'_x = \sigma_x - \frac{1}{3}\Theta \quad (2\text{-}41)$$

$$\sigma'_y = \sigma_y - \frac{1}{3}\Theta \quad (2\text{-}42)$$

$$\sigma'_z = \sigma_z - \frac{1}{3}\Theta \quad (2\text{-}43)$$

$$\tau'_{xy} = \tau_{xy} \quad (2\text{-}44)$$

$$\tau'_{yz} = \tau_{yz} \quad (2\text{-}45)$$

$$\tau'_{zx} = \tau_{zx} \quad (2\text{-}46)$$

$$\varepsilon'_x = \varepsilon_x - \frac{1}{3}\theta \quad (2\text{-}47)$$

$$\varepsilon'_y = \varepsilon_y - \frac{1}{3}\theta \quad (2\text{-}48)$$

$$\varepsilon'_z = \varepsilon_z - \frac{1}{3}\theta \quad (2\text{-}49)$$

$$\varepsilon'_{xy} = \varepsilon_{xy} \quad (2\text{-}50)$$

$$\varepsilon'_{yz} = \varepsilon_{yz} \quad (2\text{-}51)$$

$$\varepsilon'_{zx} = \varepsilon_{zx} \quad (2\text{-}52)$$

对应的偏应力和偏应变矩阵为

$$\sigma' \sim \begin{pmatrix} \sigma_x - \dfrac{\Theta}{3} & \tau_{xy} & \tau_{xz} \\ \tau_{yx} & \sigma_y - \dfrac{\Theta}{3} & \tau_{yz} \\ \tau_{zx} & \tau_{zy} & \sigma_z - \dfrac{\Theta}{3} \end{pmatrix} \quad (2\text{-}53)$$

$$\varepsilon' \sim \begin{pmatrix} \varepsilon_x - \dfrac{\theta}{3} & \dfrac{1}{2}\gamma_{xy} & \dfrac{1}{2}\gamma_{xz} \\ \dfrac{1}{2}\gamma_{yx} & \varepsilon_y - \dfrac{\theta}{3} & \dfrac{1}{2}\gamma_{yz} \\ \dfrac{1}{2}\gamma_{zx} & \dfrac{1}{2}\gamma_{zy} & \varepsilon_z - \dfrac{\theta}{3} \end{pmatrix} \quad (2\text{-}54)$$

偏应力的概念在塑性力学中有非常重要的意义。实验表明，对于大多数金属材料，在较大的静水压力作用下，材料仍然表现为弹性性质。故而偏应力和偏应变在塑性力学中是重要的力学参量。

等效应力和等效应变为

$$\sigma_{eq} = \sqrt{\dfrac{(\sigma_x - \sigma_y)^2 + (\sigma_y - \sigma_z)^2 + (\sigma_x - \sigma_z)^2 + 6(\tau_{xy}^2 + \tau_{yz}^2 + \tau_{zx}^2)}{2}} \quad (2\text{-}55)$$

$$\varepsilon_{eq} = \sqrt{\dfrac{4\left[(\varepsilon_x - \varepsilon_y)^2 + (\varepsilon_y - \varepsilon_z)^2 + (\varepsilon_x - \varepsilon_z)^2\right] + 6(\gamma_{xy}^2 + \gamma_{yz}^2 + \gamma_{zx}^2)}{9}} \quad (2\text{-}56)$$

对于单向拉伸，此时应力应变状态为 $\sigma_x, \varepsilon_x, \varepsilon_y = \varepsilon_z = -\upsilon\varepsilon_x$，则有

$$\sigma_{eq} = \sigma_x \quad (2\text{-}57)$$

$$\varepsilon_{eq} = \dfrac{2}{3}(1 + \upsilon)\varepsilon_x \quad (2\text{-}58)$$

特别地，当泊松比 $\upsilon = 0.5$ 时，$\varepsilon_{eq} = \varepsilon_x$。

2.3 用于判断结构破坏的强度理论

弹性(elasticity)是指外力撤销之后，物体能够恢复原状的特性，是固体材料的基本属性之一。塑性(plasticity)是指外力撤掉后，材料发生的部分变形不能恢复的现象。在实际工程中，结构或材料一般既会发生弹性变形，又会发生塑性变形，而为了研究问题方便，当纯粹考虑弹性变形的时候就产生了弹性力学，研究弹塑性变形的力学则称为弹塑性力学。故此，弹性体是仅仅考虑弹性性质的一种理想物体，绝大部分工程结构都可以视为弹性体。弹性力学研究弹性体由于受外力作用、边界约束或温度改变等原因而产生的应力、应变和位移。

由于实际的工程结构都不是理想化的，例如几何构型、边界条件、材料分布等往往具有不规则性。故而对工程结构进行力学分析，需要引入一些假设。这些假设也都是经过大量的实

践检验,一方面在工程上能够获得足够的精确性,另一方面通过假设可以大大简化所研究的问题。经过简化之后的工程结构就可以运用我们所学的数学方程进行描述,从而能够得到数学意义上的解答。但由于方程的复杂性,故只能针对一些比较简单的问题得到一些答案,例如一维的杆和梁的平面应力问题、平面应变问题、平面轴对称问题、空间轴对称问题、空间球对称问题等。对于实际的工程问题,还需要发展各种数值算法对上述方程进行离散而得到数值解。

求得工程结构的应力场和应变场之后,就可以判断其在外加载荷作用下是否发生破坏失效现象。在外力作用下,工程材料的失效破坏主要有两种形式:一类是指由应力所导致的材料断裂,为脆性破坏,例如铸铁拉伸和扭转时、岩石压缩时的破坏形式;另一类是指由应力所导致的材料屈服或流动,此时材料发生明显的不可恢复的塑性变形,例如低碳钢等金属拉伸时的屈服现象。从工程意义来看,受力结构出现这两种情况时,均会丧失其正常的工作能力。

在实际工程中,大多数受力构件的危险点都处于复杂应力状态。实验表明,复杂应力下材料的破坏与应力组合密切相关,不能简单地直接应用单向应力状态对应的强度条件。在强度理论中,通常用主应力的分量的组合作为一个校核参数。下面首先介绍一下主应力的概念。

在实际工程中有时候需要考虑,对于给定的应力状态是否存在截面,此时截面上只有正应力而没有剪应力。这种截面称为主平面,其对应的单位矢量 $\bm{n}$ 称为主方向,该截面上的正应力称为主应力,则有

$$\begin{vmatrix} \sigma_{11}-\sigma & \sigma_{12} & \sigma_{13} \\ \sigma_{21} & \sigma_{22}-\sigma & \sigma_{23} \\ \sigma_{31} & \sigma_{32} & \sigma_{33}-\sigma \end{vmatrix} = 0 \tag{2-59}$$

即

$$\sigma^3 - J_1\sigma^2 + J_2\sigma^2 - J_3 = 0 \tag{2-60}$$

其中

$$J_1 = \Theta = tr\sigma = \sigma_{kk} = \sigma_x + \sigma_y + \sigma_z = \sigma_1 + \sigma_2 + \sigma_3 \tag{2-61}$$

$$\begin{aligned} J_2 &= \sigma_1\sigma_2 + \sigma_2\sigma_3 + \sigma_3\sigma_1 \\ &= \begin{vmatrix} \sigma_{22} & \sigma_{23} \\ \sigma_{32} & \sigma_{33} \end{vmatrix} + \begin{vmatrix} \sigma_{11} & \sigma_{13} \\ \sigma_{31} & \sigma_{33} \end{vmatrix} + \begin{vmatrix} \sigma_{11} & \sigma_{12} \\ \sigma_{21} & \sigma_{22} \end{vmatrix} \\ &= \sigma_x\sigma_y + \sigma_y\sigma_z + \sigma_z\sigma_x - \tau_{xy}^2 - \tau_{yz}^2 - \tau_{zx}^2 \\ &= \frac{(\sigma_x-\sigma_y)^2 + (\sigma_y-\sigma_z)^2 + (\sigma_z-\sigma_x)^2 + 6(\tau_{xy}^2 + \tau_{yz}^2 + \tau_{zx}^2)}{6} \\ &= \frac{(\sigma_1-\sigma_2)^2 + (\sigma_2-\sigma_3)^2 + (\sigma_3-\sigma_1)}{6} \end{aligned} \tag{2-62}$$

$$J_3 = \sigma_1\sigma_2\sigma_3$$
$$= \sigma_x\sigma_y\sigma_z + 2\tau_{xy}\tau_{yz}\tau_{zx} - \sigma_x\tau_{yz}^2 - \sigma_y\tau_{zx}^2 - \sigma_z\tau_{xy}^2$$
$$= \begin{vmatrix} \sigma_{11} & \sigma_{12} & \sigma_{13} \\ \sigma_{21} & \sigma_{22} & \sigma_{23} \\ \sigma_{31} & \sigma_{32} & \sigma_{33} \end{vmatrix} \tag{2-63}$$

可以证明，J_1、J_2、J_3 是 3 个与坐标无关的标量，称为应力张量的第一、第二和第三不变量。它们分别是应力分量的一次、二次和三次齐次式，因而是相互独立的。

特征方程的 3 个特征根即为主应力。通常主应力按照其代数值的大小排列，称为第一主应力 σ_1、第二主应力 σ_2 和第三主应力 σ_3。它们是作用在 3 个不同截面上的正应力，而不是某个应力矢量的 3 个分量。

在静载荷作用、常温条件下，工程中常用的有如下几个强度理论（Pisarenko，1988）。

2.3.1 第一强度理论——最大拉应力理论

该理论认为最大拉应力是引起材料断裂破坏的主要因素，即当最大拉应力达到某个极限值时，材料就会破坏。故而其强度条件为

$$\sigma_1 \leqslant [\sigma] \tag{2-64}$$

式中：σ_1 为第一主应力；$[\sigma]$ 为许用应力。

该理论最早由伽利略于 1638 年提出，对于大部分采用石料和铸铁等脆性材料是适用的。值得说明的是，在此基础上由马略特于 1682 年提出的第二强度理论——最大拉应变理论，尽管理论更加完善，但却与实验结果不相符，因此现在很少有人应用。

2.3.2 第三强度理论——最大切应力理论

该理论认为最大切应力是引起材料发生塑形流动的主要因素，即其值达到了某个极限数值时，材料发生屈服。

由于最大切应力等于第一主应力和第三主应力之差，故而其表达式为

$$\sigma_1 - \sigma_3 \leqslant [\sigma] \tag{2-65}$$

式中，σ_3 为第三主应力。

最大切应力理论的奠基人是 18 世纪著名的力学家库伦，他于 1773 年提出该假设，1868 年由屈雷斯加（Tresca）加以完善，故而又称为屈雷斯加准则。第三强度理论与很多韧性材料在很多受力形式下的实验结果非常吻合，故而在机械和结构工程中得到了广泛应用。由于该理论忽略了中间主应力即第二主应力 σ_2 的影响，使其在平面应力状态下与实验结果相比而偏于安全。

2.3.3 第四强度理论——形状畸变能理论

该理论认为微元体内的形状畸变能是引起材料发生塑形流动的主要因素，即当其数值达到某个极限值的时候，材料发生塑形屈服。从力学角度来看，要使物体发生破坏或改变其固

有形状,必须克服保持物体固有形状和强度的分子之间的结合力,为此必须消耗能量。所以选择能量作为判据来建立强度准则是有道理的。

其强度条件为

$$\sigma_{eq} \leqslant [\sigma] \tag{2-66}$$

形状畸变能理论最早由胡贝尔于1904年提出,1913年米塞斯(von Mises)也提出了同一理论。1925年亨奇从能量的观点对这一理论做了进一步的解释与论证。塑性材料的大量实验结果也验证了这一理论比最大切应力理论更加符合实际,而且根据这一理论设计出的构件尺寸比由最大切应力理论所得到的尺寸要小,因而在工程上得到了广泛应用。

2.4 结构完整性分析所常用的数值方法

对于常见的工程结构,若要对其结构完整性进行定量评估,则需要求解其应力场,这就需要求解比较复杂的偏微分方程组。但在实际工程中,直接得到解析解只有在一些非常特殊的简化情况下才能实现。对于绝大部分实际工程问题,由于几何形状、材料分布、所受载荷和边界条件的复杂性,解析解往往无法得到,而只能根据数值方法进行求解。工程中常见的数值方法如下。

2.4.1 有限单元法

有限单元法(finite element method,FEM)是一种有效解决数学问题的解题方法(Zienkiewicz et al.,2013)。其基本求解思想是把计算域划分为有限个互不重叠的单元,在每个单元内,选择一些合适的节点作为求解函数的插值点,将微分方程中的变量改写成由各变量或其导数的节点值与所选用的插值函数组成的线性表达式,借助于变分原理或加权余量法,将微分方程离散求解。采用不同的权函数和插值函数形式,便构成了不同的有限元方法。有限元方法最早应用于结构力学,后来随着计算机的发展慢慢用于流体力学的数值模拟。国际上有限元方法公认的先驱者有克朗(美国)、克拉夫(美国)、冯康(中国)、辛克维奇(英国)等。

有限元法的求解步骤如下。

(1)建立积分方程。根据能量法和变分原理,建立与微分方程初边值问题等价的积分表达式,这是有限元法的出发点。

(2)区域单元剖分。根据求解区域的形状及实际问题的物理特点,将区域剖分为若干相互连接、不重叠的单元。区域单元划分是采用有限元方法的前期准备工作,这部分工作量比较大,除了给计算单元、节点进行编号和确定相互之间的关系之外,还要表示节点的位置坐标,同时还需要列出自然边界、本质边界的节点序号和相应的边界值(图2.10)。

(3)单元分析。根据单元中节点数目及对近似解精度的要求,选择满足一定插值条件的插值函数作为单元基函数。将各个单元中的求解函数用单元基函数的线性组合表达式进行逼近;再将近似函数代入积分方程,并对单元区域进行积分,可获得含有待定系数(即单元中

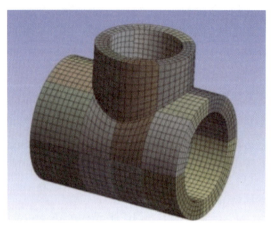

图 2.10　工程结构的网格剖分

各节点的参数值)的代数方程组,称为单元有限元方程。在得出单元有限元方程之后,将区域中所有单元有限元方程按一定法则进行累加,形成总体有限元方程。

(4)边界条件的处理。一般边界条件有 3 种形式,分为本质边界条件(狄里克雷边界条件)、自然边界条件(黎曼边界条件)和混合边界条件(柯西边界条件)。对于自然边界条件,一般在积分表达式中可自动得到满足。对于本质边界条件和混合边界条件,需按一定法则对总体有限元方程进行修正满足。

(5)求解有限元方程。根据边界条件修正的总体有限元方程组,是含所有待定未知量的封闭方程组,采用适当的数值计算方法求解,可求得各节点的函数值。

例如对于图 2.11 的某机械结构,通过有限元得到了其 Mises 应力分布云图,然后可以根据强度理论对其进行校核,例如前文提到的第三强度理论、第四强度理论等。

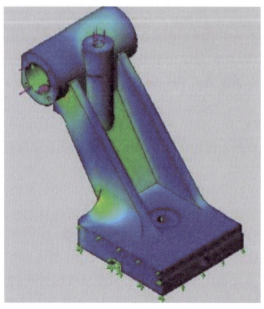

图 2.11　工程结构的有限元应力分析

目前工程师们根据有限元的思想已经开发出了各种各样的工程计算软件,例如ANSYS、ABAQUS、ADINA、NASTRAN等。工程师们可以很方便地利用这些软件求解各种各样的复杂结构的受力、热应力、电磁场等问题。

2.4.2 无网格法

前面所讲到的有限元法是一种靠划分网格来进行求解的近似数值方法,实际上工程中还存在一些不需要划分网格的数值方法,称为无网格法(mesh-less method)。无网格法从20世纪末开始兴起,是21世纪初以来计算力学领域研究最活跃、进展最显著的计算方法分支。

无网格法正是一种借助散点信息,应用计算机技术求解微分方程的计算科学方法。该方法学的研究需要集合数学、物理学和计算机工程学等多种学科的知识体系,并发展对应的理论、算法和计算程序等成果。单纯以力学的观点而言,无网格法可被应用于固体力学、流体力学、热力学、电磁力学、生物力学、天体力学、爆炸力学、微观力学等分支领域(图2.12)。

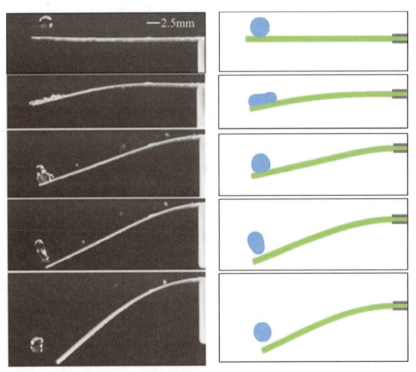

图2.12 基于无网格方法模拟的液滴冲击悬臂梁,与左侧的实验现象完全吻合

无网格法大致可分成两类:一类是以Lagrange方法为基础的粒子法(particle method),如光滑粒子流体动力学(smoothed particle hydrodynamics,SPH)法和在其基础上发展的运动粒子半隐式(moving particle semi-implicit,MPS)法等;另一类是以Euler方法为基础的无格子法(gridless method),如无格子Euler/N-S算法(gridless Euler/Navier-Stokes solution algorithm)和无单元Galerkin法(element free Galerkin,EFG)等。

无网格法以散点信息作为计算要素,在计算模型构建时无须构造复杂的网格信息。相比于以有限元法为代表的传统网格类方法,无网格法具有诸多竞争优势:一是具有数值实施上的便利性,用散点进行离散要容易得多,尤其对于三维问题而言,散点离散具有明显的便捷性;二是无网格法的近似函数通常是高阶连续的,保证了应力结果在全局的光滑性,无须进行额外的光顺化后处理;三是容易实现自适应分析,散点的局部增删和全局重构很容易实现,在计算收敛性校验和移动边界问题中具有明显优势;四是具有求解的灵活性,无网格法避免了对网格的依赖,也就无须担心网格畸变效应,因此容易处理大变形、断裂、冲击与爆炸等一些特殊问题;五是对物质对象描述的普适性,"点"是最基本的几何元素,容易实现对天文星系、原子晶体、生物细胞等物质结构的直接描述。因此,无网格法作为一种易于实施、具有更广泛适用性的数值求解技术,被学者们誉为新一代计算方法。

2.4.3 分子动力学方法

前述各种数值方法的理论都是基于连续介质力学,而分子模拟方法则是基于分子之间的作用势来开展数值计算的。这一理论得益于20世纪量子力学和计算机的快速发展,已经广泛应用于各个工程领域,例如新材料、生物、化学反应等。由于量子力学方法以求解电子运动方程为基础,其计算量随着电子数的增加而呈指数增长,因此适合分析简单分子,不适合分析生化大分子、聚合物等大分子系统。为了解决庞大体系的计算问题,科学家从1960年左右开始着手研究各种可行的非量子力学计算方法。该方法弥补了量子力学在解决复杂系统问题时的不足,而且得到的结果也相当精准。

分子力学方法则是依据经典力学的计算方法,该方法依照玻恩-奥本海默近似原理,在计算过程中将电子的运动忽略,而将系统的能量视为原子核位置的函数,从而构建分子力场以计算分子的各种特性(Leach,2001)。蒙特卡罗方法和分子动力学(molecular dynamics, MD)方法是两种主要的基于分子力学原理的分子模拟方法。蒙特卡罗方法基于系统中原子或分子的随机运动,结合统计力学原理,得到体系的统计及热力学信息,但是无法得到系统的动态信息。分子动力学是当下最为广泛的用于计算庞大复杂系统的分子模拟方法,它主要依靠牛顿运动力学原理来模拟分子体系的运动,通过体系中分子坐标的变化来计算分子间的能量或者相互作用力。与蒙特卡罗方法相比,分子动力学方法除了计算精度高,还可以同时获得系统的动态与热力学统计信息,并广泛地适用于各种系统及各类特性的研究。

一个完整的分子动力学模拟过程,首先确定系统粒子的初始条件,然后计算每个粒子受到的力,从而更新分子结构的位置等信息,最后将模拟数据进行存储。然后不断重复之前的过程,从而得到粒子的动态特性。分子动力学的功能非常强大,既能模拟一些金属材料的力学性质,也可以研究软物质(例如高分子等)的变形行为。一个典型的例子为通过分子动力学模拟可以研究材料微观破坏的机理,如铁单晶在冲击载荷下的破坏规律(图2.13),为材料设计提供技术支撑。分子动力学甚至还可以用于研究粉尘吸附和解吸附的微观规律,如煤尘在物体表面的解吸附的规律(图2.14),为采煤工程提供计算分析模型。

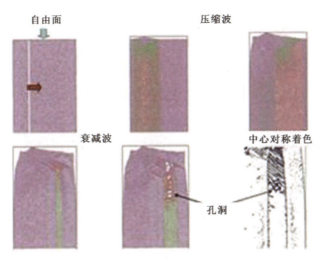

图 2.13　bcc 铁单晶体在冲击载荷下的破坏过程

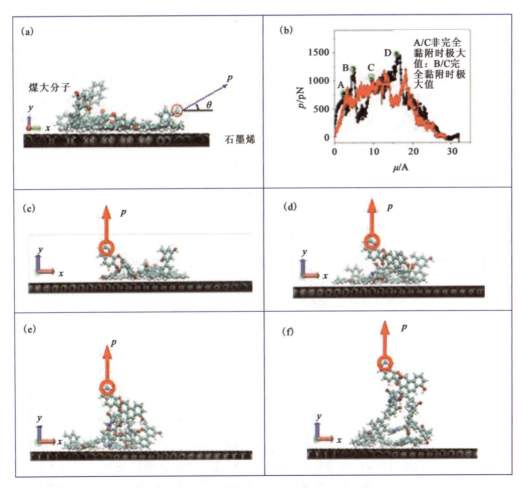

图 2.14　煤大分子在石墨烯表面的脱黏过程

2.5 焊接残余应力简介

前文提到弹性力学问题的基本假设之一就是无初应力假设。但在实际工程中,残余应力是无法避免的,尤其是在焊接过程中,残余应力反而起到了非常重要的作用。焊接应力即是在焊接结构时由焊接而产生的内应力,它可以依据产生作用的时间被分为焊接瞬时应力和焊接残余应力。所谓焊接瞬时应力是指在焊接的过程中某一个焊接瞬时产生的焊接应力,它会跟着时间的变化而发生变化,而在焊接之后,某一个受到焊接的焊件内还残留的焊接应力被称为焊接残余应力。

之所以会产生焊接残余应力,主要是由于焊件在焊接的过程中所产生的温度场分布是不均匀的。按照焊接残余应力的发生来源,可将焊接残余应力分为直接应力、间接应力和组织应力 3 种(Lindgren,2007)。

(1)直接的焊接应力是焊接残余应力所产生的最主要的原因,它是受到不均匀的加热和冷却之后所产生的,其数值根据加热和冷却时的温度梯度的大小而发生变化。

(2)间接的焊接应力则是焊件由焊前的加工工艺流程而造成的应力。例如,焊件在受到轧制和拉拔时会产生一定的残余应力。间接的残余应力如果在某一种场合下叠加到焊接的残余应力上去,则焊件在焊接时会发生变形。而且,焊件一旦受到外来的某一种约束,会产生相应的附加应力,这实际上也属于间接应力的范畴。

(3)组织应力也就是由材料相变造成的比容变化而产生的应力,它的产生是由于焊件的组织发生了变化。组织应力会由于含碳量和材料其他成分的不同而产生差异。

从热传导角度来看,所谓的焊接过程存在着局部受热不均匀、冷却不均匀的特点,因此焊件的内部会产生大小不同、分布不均匀的残余应力场和应变场。如果焊件的残余应力与焊件的工作应力发生叠加,焊件就会遭受二次变形,此时残余应力也会重新进行分布,这会造成焊接结构的刚性和尺寸的稳定性变差。受温度和介质的共同作用的影响,焊接结构和接头会产生较大的损伤,容易断裂,受应力腐蚀会裂开,在高温下会蠕变开裂。

焊接残余应力对焊接结构将会产生以下影响。

1. 对焊接结构的刚度产生影响

当焊接结构承受外载荷时产生的应力与某个区域的残余应力相互叠加时,且叠加的程度到达屈服点时,该区域的材料便会因为受压过大而造成局部的塑性变形。此时结构对外界的承受能力丧失,焊接结构的有效承载面积变小,结构的刚度也会变小。在对一些焊接结构的焊缝进行火焰校正时,由于结构的焊缝存在横向的和纵向的,所产生的残余拉伸应力就会伴随着相对较大的截面拉伸应力,这会影响到结构的刚度。如果火焰校正的火焰过大,焊接梁的加载刚度和卸载回弹会变弱,这对某些尺寸精确度和稳定性有较高要求的结构的影响是不容忽视的。

2. 对结构的受压杆件的稳定性产生一定影响

当焊接结构所承受的外载产生的应力与某个区域的残余应力相互叠加,且叠加的程度到达屈服点时,不但结构的截面承受外界压力的能力丧失,结构杆件的稳定性也会受到影响。残余应力是构件受外界的压力、温度等因素的影响而产生的不稳定的应力状态,由于它的存在,构件局部会受损变形,甚至会有整个构件发生整体变形的可能。在实际工程中,必须想办法消除残余应力对稳定性的影响。

3. 对静载强度产生影响

焊接的材料如果不是脆性的,受到焊接时则会发生塑性和变形,构件的应力还可能是均匀的。但是对于脆性材料来说,它们不能发生塑性变形,受到外力影响后,所产生的应力是不均匀的,应力的峰值随着外力的增大而增大,达到材料的屈服值时,构件局部破坏,整个构件会发生断裂现象。对于一些脆性材料来说,残余应力会使其承载能力变低,甚至会发生断裂。

而韧性材料在低温状态下受到残余应力之后,它会将残余应力进行重新分配来缓解压力,阻止韧性材料发生变形,构件的承载能力也会降低。只要焊接结构的构件和焊道有较强的塑性变形能力,那么残余应力就不会让它的静力强度降低。但是韧性材料在失去塑性变成脆性构件时,残余应力又会对静力强度产生影响。

4. 对焊件疲劳强度产生影响

钢材的疲劳是指钢材在循环应力多次反复作用下裂缝生成、扩展以致断裂破坏的现象。残余应力与荷载的应力相互叠加,应力幅值会相应发生变化,焊件的结构抗疲劳强度也会受其影响。残余拉应力与疲劳强度成反比,即残余拉应力较小,疲劳强度就变强。所以,我们要从焊件的工艺和设计上来想办法降低应力集中系数,使得焊件的抗疲劳强度变得更强。

总之,经过对焊接残余应力的研究我们可以发现,残余应力对焊件的刚度、焊件的受压杆件稳定性、静载强度、焊件的疲劳强度都产生影响。为了提高工程的质量,我们必须要采取相应的措施来将残余应力对焊接结构的影响降到最低,避免焊件发生变形或者断裂现象的出现,提高焊接质量和焊接水平。

残余应力会显著影响焊缝组织的断裂和疲劳性能,对组件的结构性能有一定影响。当载荷主要为拉伸载荷时,压缩残余应力可能是有益的,反之亦然。到目前为止,仍然很难准确地把残余应力纳入到管道完整性评估中来,原因是此类测量技术较为复杂,且费用较高。另外,由于残余应力的大小和分布高度依赖于焊接过程、材料及几何结构,很难准确建立残余应力分布的数据库。通常假设残余应力等于屈服应力,但这种假设会导致管道完整性评估的结果过于保守。如果通过数值模拟方法,建立焊接工艺模型来量化残余应力,进而求解相应的残余应力场,就能很方便地进行残余应力的相关研究。

5. 焊接接头残余应力的数值模拟与实验测量

在石油化工生产和油气管道输送行业,油气输运管道必然需要通过焊接连接在一起,要保证设备的安全性,对焊接技术的要求极高。随着化工行业不断向设备大型化发展,设备结构的壁厚相对较大,对接焊缝通常由多个焊道组成。由于焊接过程中热源的高度集中,焊缝附近区域经历了严重的热循环,导致材料的加热和冷却不均匀,从而在焊件中产生不均匀的塑性变形和残余应力,残余应力的存在会使焊接结构性能恶化、安全性降低,尤其是拉伸应力的存在,增加了焊缝对疲劳损伤、应力腐蚀、断裂等的敏感性。在评估这些缺陷的增长风险时,焊接残余应力往往比其他设计载荷产生更大的影响。为了防止管道金属材料焊缝根部出现残余应力过大或残余应力导致的晶间应力腐蚀开裂等缺陷,必须满足相关工艺条件,以达到材料性能、焊后残余应力的要求。因此,对焊接残余应力准确预测至关重要。焊接残余应力的分布取决于几个重要因素,如结构特征、材料性能、约束条件、热输入和焊接顺序等。对于厚壁管道的多道焊接,残余应力比较复杂,而且对于多道次焊接操作,很难预测焊接残余应力的分布。

焊接过程应力应变的研究从 20 世纪 30 年代便开始,但所做工作只是停留在定性与实测阶段。50 年代,苏联学者奥凯尔布鲁姆等在材料机械性能与温度相互依赖的前提下,用图解形式定性分析了焊接过程的热-弹塑性性质及动态过程(隋永莉,2020)。60 年代初,由于计算机的广泛应用,数值模拟方法逐渐发展起来。

近十几年来,出现许多有限元模型来预测多道焊接的温度场和应力场的研究。温度场和动态热过程对焊接接头的应力应变场、组织性能、是否有缺陷等起着至关重要的作用,决定和影响了焊接接头的质量,计算结果的准确与否,严重影响应力场的准确计算和金属冶金分析。热源模型对计算准确的残余应力分布至关重要。焊接过程的热源选择对焊接残余应力与应变有很大的影响,焊接过程中移动热源对试样局部快速加热,造成极大的瞬时温度梯度,使得试样内部产生应力及变形。选择合理的热源模型对准确计算试样残余应力极其重要。目前常用的热源模型有 Rosonthal 的解析模式、半球状热源、高斯热源、椭球形热源和双椭球热源。双椭球模型能更好地体现焊接热源前后端温度梯度的不同,热源前后分别由两个形状不同的 1/4 椭球组成,如图 2.15 所示。

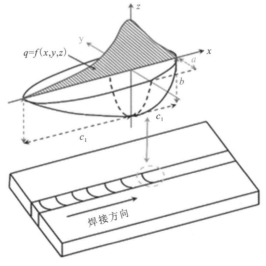

图 2.15 双椭球热源模型

热源前后两个椭球热流密度分布分别为

$$q_f(x,y,z) = \frac{6\sqrt{3}\,(mQ)}{abc_f\pi\sqrt{\pi}}\exp\left(-\frac{3x^2}{a^2}-\frac{3y^2}{c_f^2}-\frac{3z^2}{b^2}\right) \quad (2-67)$$

$$q_r(x,y,z) = \frac{6\sqrt{3}\,(nQ)}{abc_r\pi\sqrt{\pi}}\exp\left(-\frac{3x^2}{a^2}-\frac{3y^2}{c_r^2}-\frac{3z^2}{b^2}\right) \quad (2-68)$$

式中：Q 为电弧的热输入量；a、b、c_f、c_r 为椭球的形状参数；m、n 分别为前后半球的能量分数 ($m+n=2$)，一般情况下，$m=0.4$、$n=1.6$。

热源的形状参数相互独立，可有所不同，对于不同的焊接实例，也可将热源分解为 4 个 1/8 椭球瓣，各个椭球瓣可有不同的形状参数。这些参数的确定应以实际熔池的形状为依据。

在计算焊接过程的同时，为避免环境因素的影响，还要考虑模型的初始条件及边界条件，包括焊接前的初始预热、焊接自身热传导、环境辐射及对流等。图 2.16 为焊接接头截面金相图和根据实际焊接试样建立的三维"V"形坡口焊接平板有限元模型。为保证数值模拟计算精度和效率，模型采用过渡化网格，在焊缝及近缝区域划分较密集网格，在远离焊缝区域划分稀疏网格，模型网格共划分 67 200 个单元、74 186 个节点。温度场模拟过程中，采用传热六面体单元（DC3D8）；焊接应力场的计算分析时，单元采用八节点减缩积分三维应力单元（C3D8R）类型，应力场与温度场网格划分保持一致。

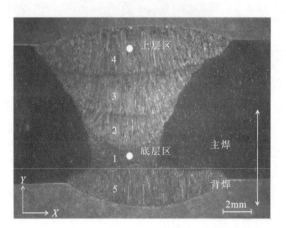 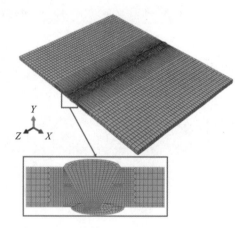

图 2.16 "V"形坡口焊接接头截面金相及有三维限元模型网格划分

应力场采用顺次耦合方式进行计算，应力场模型与温度场模型网格保持一致，定义材料热力学性能，施加边界条件，将焊接计算得到温度场结果作为预定义场施加到应力计算中，从中读取温度场节点温度，计算得到残余应力场。经过有限元计算得到焊接温度场，部分瞬态温度场云如图 2.17 所示，图中给出的是焊接结构俯视方向的焊接温度场云图。以第一道焊缝[图 2.17(a)]为例，移动热源经过焊缝，使熔池中心温度快速上升，最高温度达到 1933 ℃，随着距熔池中心距离的增加，温度随之降低，因此等温线呈现椭圆形的闭合曲线，在热源前段的等温线较密集，温度梯度大，在热源后方的等温线稀疏，温度梯度较小。在焊接初始阶段，热源的施加使试样温度迅速上升，之后随着焊接的进行，热源趋于稳定，焊接温度场进入准稳态。随着热源的不断移动，温度升高至材料熔点，使焊材融化填充，实现焊接过程的模拟。四道焊缝加一道清根焊全部焊接结束,留出足够的冷却时间,使其冷却至室温(20℃),最终温度场云图呈现为同心圆,如图2.17(f)所示。

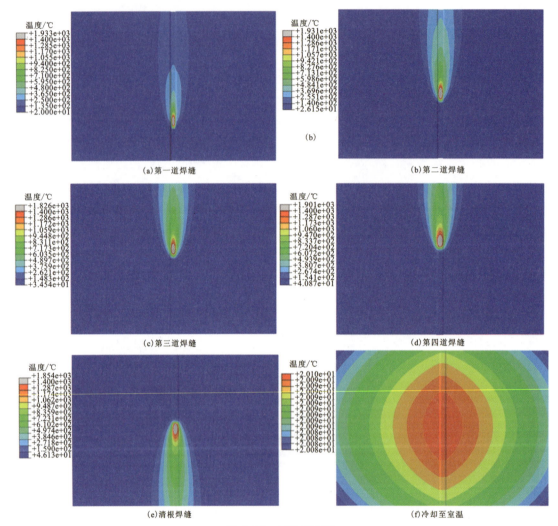

图2.17 焊接温度场

随着对焊接残余应力影响的逐渐重视,不同的残余应力测试方法也成为重要的研究热点,对残余应力的研究有重要意义。残余应力的测量属于反问题研究领域,即残余应力的大小和方向由输出的应变或等效位移进行反推。根据测试原理不同,测量技术可分为两类:破坏性方法及无损检测方法。破坏性方法采用电阻应变压电原理,通过切割、钻孔等方法将残余应力释放,通过测量应变或位移,并根据弹性力学原理计算得到应力值。随着研究进程的展开,材料内部残余应力的确定比表面残余应力更为重要,但大多数机械测量方法不能直接测量内部残余应力状态,并且大多数情况下,设备不允许出现损伤,因此,无损检测方法得到了快速发展。无损检测不影响测量后工件的正常使用,适用于大多数情况下残余应力的测量。该类方法包括中子衍射法、X射线衍射法、超声法、磁测法、磁性法。其中中子衍射无损检测方法主要原理为通过中子的衍射确定晶格应变,根据应力应变关系得到残余应力,具有定向性好、穿透性强、测量准确等优点,因此多用于专注厚度方向应力变化且避免构件破坏的残余应力测量。图 2.18 为绵阳中国工程物理研究院的中子衍射残余应力测量装置。图 2.19 为利用中子衍射测量方法对焊接接头内部残余应力测量示意图。

图 2.18　中子衍射残余应力测量装置

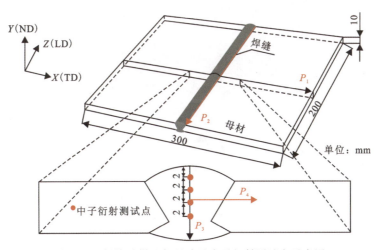

图 2.19　焊接试样几何尺寸及中子衍射测试点示意图

3 高钢级管道环焊接头的组织特征及其表征技术

3.1 焊接接头的区域划分及其特点

焊接是一种连接工艺。通过这种工艺,两个或多个金属或非金属工件在局部受热或压力(或二者结合)的作用下,达到一定的温度,熔融并结合在一起,形成一个整体连接。焊接接头是指通过焊接方法连接两个或多个工件之间的连接部分。它是为了满足机械或结构设计的需要,通过焊接过程将材料连接起来形成的一个部位,由焊缝金属、熔合区、热影响区组成,图3.1是焊接接头宏观示意图(王忠堂等,2019)。

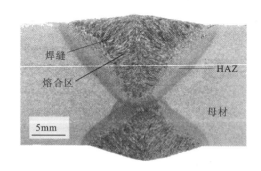

图 3.1 焊接接头区域划分示意图

焊接接头由焊缝、熔合区和热影响区3个部分组成。热影响区是指在焊接热源的作用下,焊缝两侧处于固态的母材发生组织和性能变化的区域,简称HAZ(heat affected zone)。

由于焊接时热影响区上各点距焊缝的远近不同,各点所经历的焊接热循环不同。因此,整个焊接热影响区的组织和性能分布是不均匀的。

3.1.1 焊缝金属

焊接时,在高温热源的作用下,母材发生局部熔化,并与熔化了的焊丝金属混合形成熔池。与此同时,熔池内进行短暂而复杂的冶金反应。当热源焊接离开后,熔池金属便开始凝固。

焊缝熔池的凝固具有熔池体积小、冷却速度大、熔池中的液态金属处于过热状态、熔池在运动过程中凝固的特点。熔池凝固遵循着形核—核长大的凝固规律。

焊接熔池起主要作用的是非均匀形核过程。焊接熔池金属开始凝固时,大多数情况下晶体是从熔合区半熔化晶粒上以柱状晶形态联生长大,长大的主方向与最大散热方向是一致的,如图 3.2 所示。

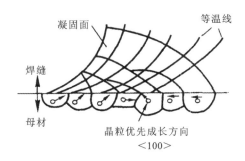

图 3.2 焊缝中柱状晶体的选择长大

在熔池凝固过程中,由于冷却速度很快,合金元素来不及扩散均匀,会出现所谓偏析现象,主要有显微偏析、区域偏析、层状偏析。

由于熔池各部位成分过冷不同,凝固形态也有所不同,图 3.3 表示了焊缝凝固形态变化过程。

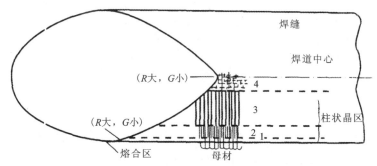

1.平面晶;2.胞状晶;3.树枝柱状晶;4.等轴晶。

图 3.3 焊缝结晶形态的变化

但在实际焊缝中,由于化学成分、板厚和接头形式不同,不一定具有上述全部凝固形态。此外焊接工艺参数对凝固形态也有很大影响。例如,当焊接速度增大时,在焊缝中心往往容易出现大量的等轴晶;在焊接速度较低时,主要是胞状树枝晶。又如,焊接电流较小时,主要是胞状晶;焊接电流较大时,主要是粗大的胞状树枝晶(任俊杰等,2019)。

3.1.2 熔合区

熔合区即焊接接头中焊缝向母材热影响区过渡的区域。熔合区由半熔化区与未混合区 2 个部分组成。熔合区的构成及附近各区的相对位置如图 3.4 所示。

半熔化区是指焊缝边界固液两相交错共存的部位。它的产生,一是由电弧吹力和熔滴过渡可能造成的坡口熔化不均匀;二是由母材晶粒的取向不同所造成的熔化不均匀;再就是母材各点熔质分布不均匀而形成的理论熔点和实际熔点的差异所造成的。可见,焊接坡口熔化过程的复杂性是导致出现半熔化区的主要原因(戴联双,2023)。未混合区(不完全混合区)是指焊缝区中紧邻焊缝边界的部位,它主要由焊接时熔化再凝固的母材未与熔化的填充金属完全相混合造成的。因此它实质上就是富集母材成分的焊缝区。它的形成是熔池边缘的温度较低,使对流和扩散过程进行困难,从而导致母材与填充金属不能很好混合。母材与填充金属成分差异越大,未混合区越明显。如果填充金属成分与母材成分完全相同,未混合区会消失。

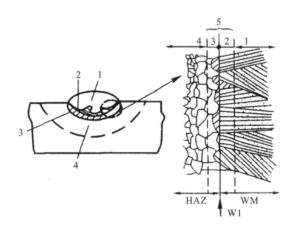

1.焊缝区(富焊条成分);2.焊缝区(富母材成分);3.半熔化区;
4.真实热影响区;5.熔合区;WT.实际熔合线;WM.焊缝金属。

图 3.4 熔合区的构成示意图

3.1.3 热影响区

焊接接头由焊缝、熔合区和热影响区 3 个部分组成。热影响区是指在焊接热源的作用下,焊缝两侧处于固态的母材发生组织和性能变化的区域,简称 HAZ。

由于焊接时热影响区上各点距焊缝的远近不同,各点所经历的焊接热循环不同。因此,整个焊接热影响区的组织和性能分布是不均匀的。

X80、X90 等属于不易淬火钢。对于这类钢种,按照热影响区中不同部位加热的最高温度及组织特征的不同,可分为以下 3 个区域,如图 3.5 所示。

1)过热区(粗晶区)

加热温度在固相线以下到晶粒开始急剧长大的温度(一般指 1100℃)范围内的区域叫过热区。由于该区加热温度高,奥氏体晶粒严重长大,冷却后也会得到粗大的过热组织,又称为粗晶区。该区焊后晶粒度一般为 1~2 级,韧性很低,通常冲击韧性要降低 20%~30%。因此,在焊接刚度较大的结构时,常在过热区产生脆化或裂纹。过热区与熔合区一样,都是焊接接头的薄弱环节。

2)相变重结晶区(正火区)

该区加热温度是在 A_{c3} 以上到晶粒开始急剧长大温度范围内。由于该区的加热温度超过

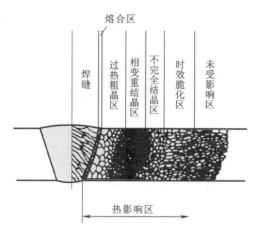

图 3.5 管线钢热影响区划分

了 A_{c3},所以,铁素体和珠光体已全部转变为奥氏体。又由于加热温度较低(一般低于 1100℃),奥氏体晶粒尚未显著长大,因此在空气中冷却以后会得到均匀而细小的铁素体和珠光体,相当于热处理时的正火组织,所以该区又叫正火区。此区综合力学性能一般比母材还好,是热影响区中组织性能最好的区域。

3)不完全重结晶区

该区加热温度处于 $A_{c1} \sim A_{c3}$ 之间,因此在加热过程中,原来的珠光体全部转变为细小的奥氏体,而铁素体仅部分溶入奥氏体,剩余部分继续长大,成为粗大的铁素体。冷却时奥氏体转变为细小的铁素体和珠光体,粗大的铁素体依然保留下来。此区的特点是组织不均匀,晶粒大小不一,因此力学性能也不均匀。

以上 3 个区域是低碳钢、低合金钢焊接热影响区的主要组织特征。但如果母材焊前经过冷加工变形,则在加热温度处于 $A_{c1} \sim 450℃$ 的范围内将会发生再结晶,使加工硬化消失,强度下降,塑性、韧性提高。对于有时效敏感性的钢种,加热温度在 $A_{c1} \sim 300℃$ 的范围内,会发生应变时效引起该区的脆化,缺口敏感性增加。

3.2 高钢级管道环焊缝金属的组织类型

高钢级管道的多层多道焊接是指熔敷两道以上的焊道、焊层来完成整条焊缝所进行的焊接。采用多层多道焊的优点是:可以焊接大壁厚结构,减小热输入、减小缺陷等(何小东等,2024)。管道环焊缝焊接通常采用多层多道焊,其焊接层道次主要有根焊层、填充层及盖面层,焊接工艺以自保护药芯焊丝半自动焊和实心焊丝气保护自动焊为主,焊接接头如图 3.6 所示。从图中可以看出,焊接接头由下至上依次为根焊层、填充层和盖面层。采用多层多道焊方法,6 道填充层,根焊后的第一道填充称为热焊,焊道之间较为亮白的区域为层间热影响区。焊缝中可清楚地看到柱状晶组织,其中热影响区组织明显比其余部分的组织更细小。

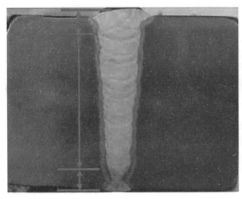
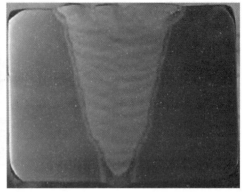

图3.6 焊接接头宏观照片

在多层多道焊过程中,母材和焊材经过多次的熔化相结合以及再冷却,在这复杂的过程中,焊缝金属的组织将会变得不均匀且多种多样。奥氏体晶粒的长大以及冷却后组织类型和形态的变化将导致焊接接头力学性能的改变。高钢级管道环焊缝的组织类型相对复杂,通常包含针状铁素体(acicular ferrite,AF)、多边形铁素体(polygonal ferrite,QF)、粒状贝氏体(granular Bainite,GB)、板条贝氏体(lath Bainite,LB)以及M-A组元等多种组织的混合组织(尹士科,2011)。

3.2.1 自保护药芯焊丝半自动焊焊缝金属组织类型

以X80管线钢为母材,根焊采用STT、填充及盖面采用不同类型的自保护药芯焊丝半自动焊,对其焊缝组织类型进行了分析,所采用的焊接工艺参数如表3.1所示。

表3.1 自保护药芯焊丝半自动焊焊接工艺参数

母材	编号	根焊工艺	根焊焊丝型号	填充、盖面工艺	填盖焊丝型号
X80钢	SG-1	STT	ER70S-G、ϕ1.2mm	自保护药芯焊丝半自动焊	E81T8-Ni2JH8、ϕ2.0mm
	QG-2	STT	ER70S-G、ϕ1.2mm	自保护药芯焊丝半自动焊	E81T8-Ni2JH8、ϕ2.0mm
	WG-3	STT	ER70S-G、ϕ1.2mm	自保护药芯焊丝半自动焊	BaF_2-Al-Mg

图3.7为SG-1环焊缝不同层道次显微组织,左边为光学显微镜(OM)照片,右边是扫描电镜(SEM)照片。不难看出存在粗大柱状晶和细小等轴晶交错分布的现象。图3.7(a)中的根焊层组织主要为边界规则的细小亮白色等轴晶,主要由针状铁素体(AF)、粒状贝氏体(GB)和少量珠光体(P)组成。图3.7(b)中的填充层组织主要由细小的等轴晶和粗大的柱状晶层状交替组成,包括大量的贝氏体铁素体(BF)和一些准多边形铁素体(QF)。贝氏体铁素体

(BF)由边界清晰且平行排列的板条束组成,板条间为小角度晶界,而板条束间为大角度晶界,之间伴有粒状、针状 M-A 组元。而颜色较为亮白的则是边界不规则的准多边形铁素体(QF),其中也有少量 M-A 组元。从图 3.7(c)的盖面层组织可看出其组织特征为晶粒较粗大的柱状晶,多为准多边形铁素体(QF)、粒状贝氏体铁素体(GBF)和贝氏体铁素体组成(BF),其晶界、晶内存在 M-A 组元。

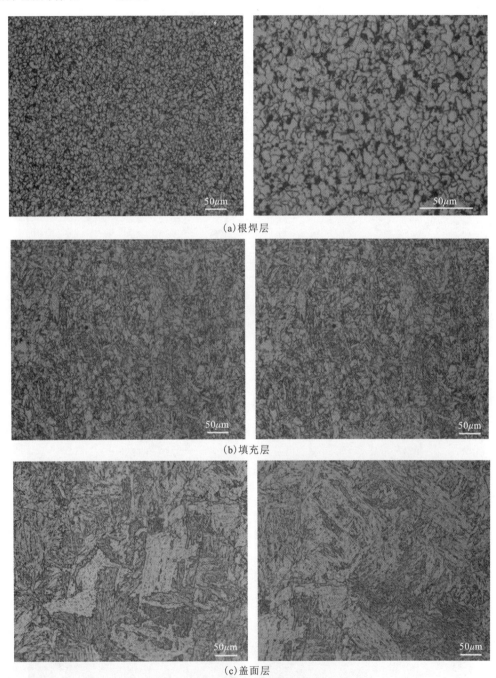

(a)根焊层

(b)填充层

(c)盖面层

图 3.7 SG-1 焊缝金属显微组织

图 3.8 为 QG-2 环焊缝不同层道次的显微组织,左边为光学显微镜(OM)照片,右边是扫描电镜(SEM)照片。图 3.8(a)为根焊层组织,其晶粒多为细小等轴晶,分布较为均匀,主要由针状铁素体(AF)和粒状贝氏体(GB)构成,铁素体间还伴有些许珠光体(P);图 3.8(b)是填充层焊缝金属的显微组织,与根焊层相比,填充层由大量的柱状晶组成,保留了原奥氏体晶界,组织多为板条状平行排列的贝氏体铁素体(BF),还存在一些准多边形铁素体(QF),晶界模糊不规则,周围分布有少量薄膜状和针状 M-A 组元;图 3.8(c)为盖面层组织,主要是晶粒粗大的柱状晶区,组织以清晰、平行排列的板条束为主,板条间为小角度晶界,板条束间为大角度晶界,即贝氏体铁素体(BF),同时存在些许准多边形铁素体(QF),并在晶界及晶内存在部分 M-A 组元。

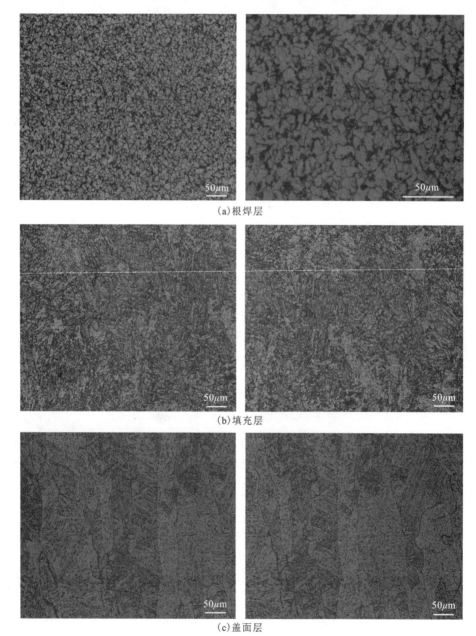

(a) 根焊层

(b) 填充层

(c) 盖面层

图 3.8 QG-2 焊缝金属显微组织

图 3.9 为 WG-3 环焊缝不同层道次的显微组织。由图 3.9(a)可以看出,WG-3 根焊层主要由细小的准多边形铁素体(QF)、针状铁素体(AF)、M-A 组元和少量粒状贝氏体(GB)组成,组织沿轧制方向拉长且呈条带状分布。由图 3.9(b)、图 3.9(c)可知,盖面层组织呈柱状晶形态,晶内由板条贝氏体(LB)、针状铁素体(AF)和少量粒状贝氏体(GB)组成。由于是多层多道焊,先焊焊道受后焊焊道的热作用,柱状晶特征消失,因此填充层焊缝晶粒细小且均匀,主要由准多边形铁素体(QF)和粒状贝氏体(GB)组成。

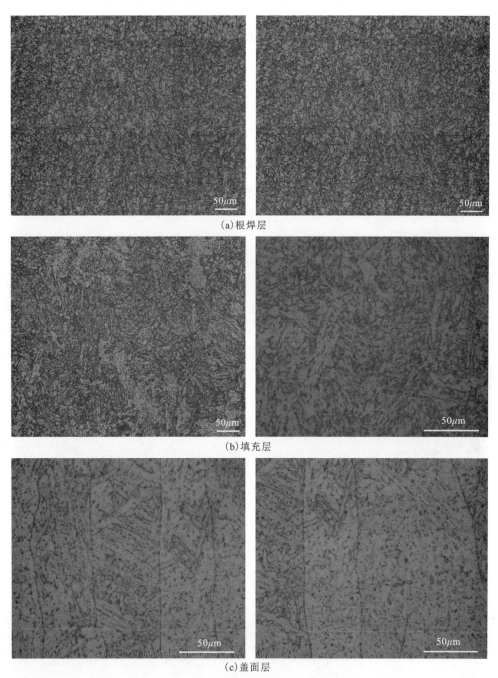

(a)根焊层

(b)填充层

(c)盖面层

图 3.9 WG-3 焊缝金属不同区域显微组织

3.2.2 实心焊丝气保护自动焊焊缝金属组织类型

选取 X80 管线钢作为母材,采用不同焊接工艺参数下实心焊丝气保护自动焊,其焊接工艺参数如表 3.2 所示。

表 3.2 实心焊丝气保护自动焊焊接工艺参数

母材	编号	根焊、填充、盖面工艺	焊丝型号
X80 钢	AG-1	实心焊丝气保护自动焊	ER80S-G、ϕ0.9mm
	BG-2	实心焊丝气保护自动焊	ER70S-G、ϕ1.0mm
	CG-3	实心焊丝气保护自动焊	ER80S-G、ϕ1.2mm

图 3.10 为 AG-1 不同道次焊缝金属的显微组织。由图 3.10 可知,第一道次组织主要是晶内形核的针状铁素体(AF)。焊缝金属中夹杂物在焊缝凝固过程中作为形核的核心,在奥氏体内部首先形成针状铁素体(AF),把原奥氏体分割成多个小区域,起到细化晶粒的作用(杨悦等,2022)。而第二道次中部焊缝区(厚度中心部位)组织为针状铁素体(AF),与第一道次组织相差不大。因该区域受二次热循环的影响,针状铁素体更细小,组织中的析出物数量大于外焊缝组织。而第三道次焊缝中心焊缝区组织受二次热循环的影响较小,组织主要为针状铁素体(AF)、多边形铁素体(PF),还有少量粗大的侧板条铁素体(FSP)析出,如图 3.10(c)所示。FSP 形成温度在 550~700℃之间,于原奥氏体晶界诱发形核,以粗大针片状向晶内生长,这种组织会对焊缝韧性产生负面影响。

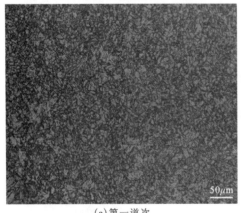 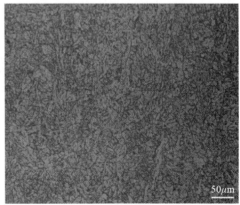

(a)第一道次　　　　　　　　　　　　(b)第二道次

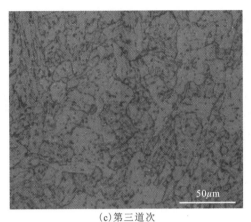

(c)第三道次

图 3.10 焊缝不同道次显微组织

图 3.11 为 BG 1 焊缝区不同道次的显微组织。由图 3.11 可知,根焊层焊缝组织呈现白色先共析铁素体(PF),伴有少量柱状晶分布,无碳贝氏体沿晶界向晶内生长,晶内有针状铁素体(AF)、粒状贝氏体(GB)和珠光体(P)。随着热输入的影响,填充层、盖面层焊缝晶粒有粗化倾向,枝状晶尺寸增大、增长,多边形铁素体(QF)的比例增大。填充层焊缝组织由白色针状铁素体(AF)、黑色珠光体(P)和少量贝氏体(B)组成;盖面层焊缝组织有晶粒变大倾向但不明显。细小针状铁素体是由于焊丝中 Ti 以 TiO_2 形式存在于焊缝中在固态相变时成为铁素体形核核心,从而增加了焊缝金属晶内铁素体含量并起到细化作用(帅健和孔令圳,2017)。

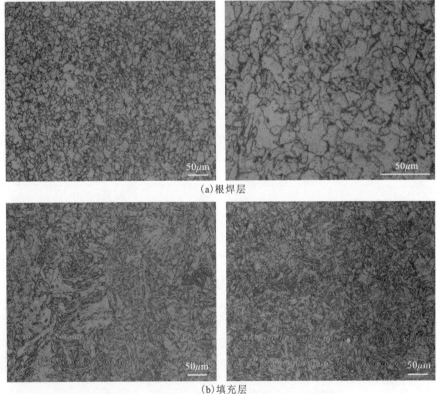

(a)根焊层

(b)填充层

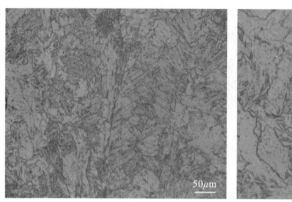

(c)盖面层

图 3.11　BG-1 不同条件下焊缝组织

图 3.12 为 CG-3 不同道次焊缝区显微组织照片。从图 3.12 中可以看出,其根焊层组织主要是晶内形核的针状铁素体(AF),并伴有少量粒状贝氏体(GB)和 M-A 组元,晶粒相对细长,柱状晶和树枝晶较少。填充层组织主要为多边形铁素体(PF),还有粗大的侧板条铁素体(FSP),晶粒有所长大,柱状晶比例增多。由图 3.12(c)可知,盖面层组织表现为晶粒较粗大的柱状晶,多为准多边形铁素体(QF)、粒状贝氏体铁素体(GBF)和贝氏体铁素体组成(BF),其晶界、晶内存在 M-A 组元。

(a)根焊层

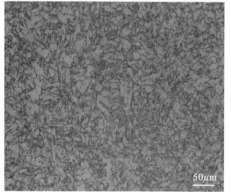
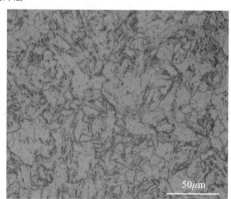

(b)填充层

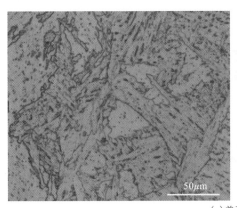
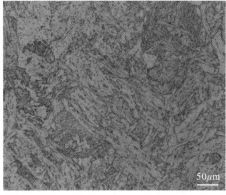

(c)盖面层

图 3.12 CG-3 焊缝区显微组织

3.3 高钢级管道环焊接头热影响区的组织类型

焊接热影响区简称 HAZ,是指在焊接热循环作用下,焊缝两侧处于固态的母材发生明显的组织和性能变化的区域。焊接热影响区的组织类型受焊接热循环及母材的元素成分和组织控制。根据距离焊缝金属的远近,焊接热影响区可以分为熔合区、粗晶区、细晶区、临界区。

3.3.1 焊接热循环及其特点

在焊接热源的作用下,焊件上某一点的温度随时间的变化过程,称为焊接热循环。在焊接过程中,热源沿焊件的某一方向移动时,在其热量所及的焊件上任一点,都经历由低到高的温度循环过程。在距焊缝不同位置的各点所经历的这种热循环是不同的,如图 3.13 所示。从图中可以看出,离焊缝越近的点,其加热速度越大,峰值温度越高。也就是说,焊接是一个不均匀的加热和冷却过程,也可以说是一种特殊的热处理过程。

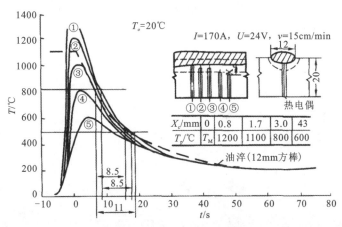

图 3.13 低合金钢焊缝邻近各点的焊接热循环

与一般热处理相比,焊接时的加热速度非常快,但在峰值温度停留的时间(即保温时间)非常短促,只有几秒到十几秒的时间,冷却速度也相当快。这是焊接热循环所具有的重要特征,也是造成焊接接头组织不均匀性和性能不均匀性的重要原因。

决定焊接热循环特征的主要参数有峰值温度 T_p、高温停留时间 T_h、在某一温度区间的冷却时间等。焊接是一个涉及电弧物理、传热传质、冶金和力学的复杂过程,在传热过程中金属进行着熔化和凝固、加热或冷却过程的相变、焊接应力与变形等。因此,高温停留时间 T_h、冷却时间 $t_{8/5}$ 和 t_{100} 等热循环参数会对焊件的组织状态、力学性能和焊接冷裂纹的形成产生重要的影响。

管线钢在焊接过程中,由于 HAZ 各部分距离焊缝的远近不同,所经受的焊接热循环差别较大,因而焊接热影响区是一个具有组织梯度和性能梯度的非均匀连续体。

3.3.2 焊接热影响区的组织分布特征

焊接热影响区的组织分区如图 3.14 所示,按其经历热循环的差异,可分为熔合区、粗晶区、细晶区、临界区和临界再热粗晶区、M-A 组元等。

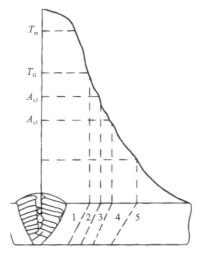

1.粗晶区;2.细晶区;3.临界区;4.临界再热粗晶区;5.母材。

图 3.14 管线钢 HAZ 组织分区

某种 X80 管线钢焊接热影响区不同区域的光学显微组织如图 3.15 所示。

(a)焊缝区

(b)熔合区

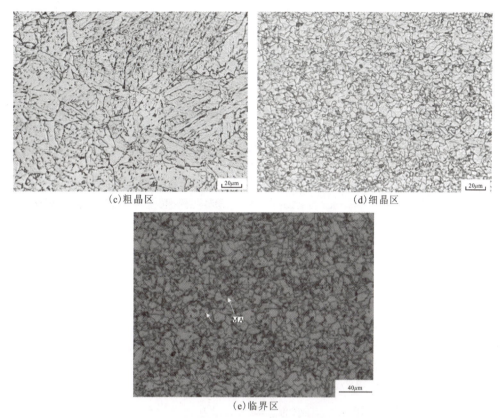

(c)粗晶区　　　　　　　　　　　(d)细晶区

(e)临界区

图 3.15　管线钢焊接热影响区不同区域的光学显微组织

3.3.3　高钢级管线钢焊接热影响区的组织分布特征

1. 粗晶区 CGHAZ

热影响区温度范围在固相线温度至1100℃之间。由于在该温度区域停留的时间较部分熔化区长,金属处于过热状态。在该温度区域奥氏体晶界相当活泼,晶粒的长大无任何阻碍,奥氏体晶粒发生严重的长大现象,可达到最大的晶粒尺寸,冷却之后得到粗大的组织。粗晶区(图 3.16)的冲击韧性很低,通常比母材降低20%～30%。焊接刚度较大的结构时,常在过热粗晶区产生脆化或裂纹。过热区与熔合区一样,也是焊接接头的薄弱环节。

由于 X80 钢焊接粗晶区处于焊缝和母材之间,具有较为明显的组织和性能不均匀性,而且还经常在焊趾和焊缝根部出现沟槽或凹陷(张宏等,2023)。同时,该区域会产生由几何不均匀性所造成的应力集中,因此该区域的力学性能最差。粗晶区的粗大组织决定了该区域具有较高的硬度和较低的断裂韧性。多年来,各个国家的学者都在不断研究粗晶区组织和性能的变化,甚至焊接粗晶区的研究已成为现代焊接物理冶金的一个重要方向(隋永莉,2020)。

粗晶区的晶粒比较粗,脆化区内部还出现了影响焊缝韧塑性的马氏体和残余奥氏体的混合物,也称为 M-A 岛。魏氏组织、网状结构的先共析铁素体和上贝氏体都呈现很大的脆性。其中魏氏组织由粗大的铁素体和其他粗晶组织构成,网状先共析铁素体也由粗大的块状铁素

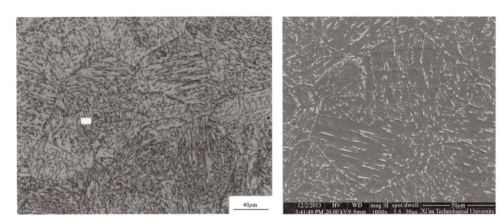

图 3.16 X80 粗晶区组织形貌

体构成。上贝氏体中铁素体的长大过程,其分布具有明显的方向性。

2. 细晶区 FGHAZ

细晶区是焊接过程中母材热影响区被加热到 A_{c3}～1100℃的部位,将发生重结晶,即铁素体和珠光体全部转变为奥氏体,然后在空气中冷却得到细小均匀的珠光体和铁素体,相当于热处理正火组织。以下是管线钢细晶区组织分布特征。

细晶区的晶粒比母材中的晶粒要小得多。这是由于焊接过程中的快速加热和冷却导致晶粒再结晶和晶粒生长受到限制。细小的晶粒通常以亚微米级别或更小的尺寸存在。

晶界含有沉淀物:细晶区的晶界通常含有一些沉淀物,这些沉淀物可以影响材料的力学性能。这些沉淀物的形成是由于在焊接过程中,合金元素在晶界区域重新分布而产生的。

高硬度:由于晶粒细小,细晶区的硬度通常比母材要高。这使得焊接接头在这个区域的硬度分布不均匀,可能导致脆性断裂的风险。

变质组织:细晶区的组织通常是变质组织,这意味着晶粒的排列方式和原始母材相比可能有所不同。这种变化可能对焊接接头的力学性能产生影响。

X100 钢级埋弧焊焊管 FGHAZ 的显微组织经浸蚀剂浸蚀后,距熔合线 1.30 mm 处 FGHAZ 的 SEM 图像如图 3.17 所示。

图 3.17 距熔合线 1.30mm 处 FGHAZ 的 SEM 图像

在距熔合线不同距离处的 HAZ 的显微组织的 FGHAZ 中,此距离处观察到大量白色未回火 M-A 组织。而重叠区域 FGHAZ 中相同距离处的白色组织的数量则较少。重叠区 HAZ 的 FGHAZ 的 SEM 结果表明,某些 M-A 分布均匀且是微米级的。如图 3.18 所示,有些 M-A 稍大一些,并且组织中包含碳化物,表明这些 M-A 区域是回火后的,焊道的 FGHAZ 区域中的 M-A 之间的间距高于重叠区 HAZ 的 FGHAZ 中的间距。与 HAZ 的 FGHAZ 中的间距相比,焊道的 FGHAZ 中 M-A 的最大尺寸更大。焊道的 FGHAZ 中 M-A 的平均尺寸也大于重叠区中的 FGHAZ。

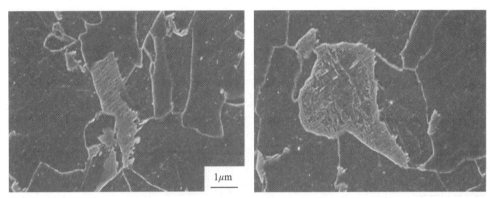

图 3.18　FGHAZ 的未回火 M-A(左)与 FAHGZ 的回火 M-A(右)

3. 临界区 ICHAZ

临界区是母材组织受到单道次热影响被加热到部分相变区 $A_{c1} \sim A_{c3}$ 温度之间,从而部分基体组织逆转为奥氏体,基体组织的晶界或者亚晶界处为逆转奥氏体优先的形核位置,这部分逆转的奥氏体富集了周围的碳,并在冷却过程中发生分解,转变为贝氏体或者 M-A 组元。X100 管线钢双面埋弧挥热影响区临界区组织的光学显微镜及扫描电镜照片如图 3.19 所示。

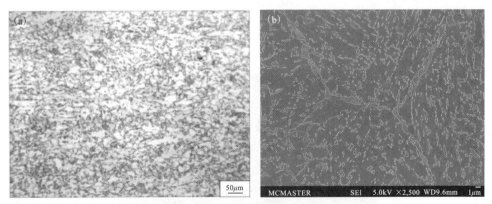

图 3.19　临界区的光学显微镜(a)及扫描电镜(b)照片

因为只有部分组织发生了相变，所以母材的层状组织仍依稀可见。逆转组织优先在铁素体和贝氏体边界处形核长大，因此逆转组织大致也沿轧向分布。未转变组织中，贝氏体的板条大部分已经合并、消失。临界区的组织很细小，晶粒尺寸在 5μm 左右，因此临界热处理也可以是一种细化晶粒尺寸的方法。临界区的 EBSD 表征如图 3.20 所示。与细晶区的组织相同，临界区的组织大部分为铁素体，很少有板条组织出现，大角晶界同样只在晶粒边界处出现。逆转变的组织在 BS 图中也能较明显地显示出来，如图 3.21 中黑色圆圈所示。逆转组织在冷却过程中分解为贝氏体或者 M-A 组元。

图 3.20　ICHAZ 临界区的 EBSD 表征

焊接过程中临界区的峰值温度（850℃）介于共析转变温度与奥氏体化温度之间。此区域的晶粒发生部分再结晶，因此最终组织为再结晶后形成的细小奥氏体晶粒和未发生再结晶的粒状贝氏体，粒状贝氏体中分布着 M-A 组元。

4. 临界再热粗晶区（ICCGHAZ）

临界再热粗晶区是焊接第一道次形成的粗晶区在后续道次中被再加热到临界区（A_{c1}～A_{c3}），少量逆转奥氏体沿原奥氏体晶界形核，在此过程中周围的碳富集到逆转组织中使逆转奥氏体稳定化，在较慢冷速下也不发生分解或者只发生少量的分解，从而在冷却到 Ms 点以下后转变成为马氏体并有少量的残余奥氏体，即所谓的 M-A 组元（帅健等，2020）。临界粗晶区扫描电镜照片如图 3.21 所示。

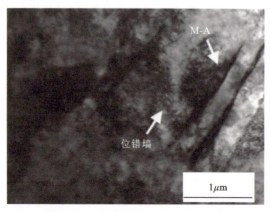

图 3.21　临界粗晶区扫描电镜照片

临界粗晶区由粗大的原奥氏体晶粒和沿晶界连续分布的 M-A 组元组成。由于 M-A 组元基本沿原奥氏体晶界连续分布,跟项链一样,因此又称作链状 M-A(necklacing M-A)。原奥晶粒内部组织与粗晶区相似,主要由粒状贝氏体和较为粗大的板条状贝氏体组成。

在管线钢管双面焊和多道焊中,后续焊道的热过程将影响到一次焊接热循环形成的粗晶区的脆化程度。近 20 年来,在管线钢管双面焊和多道焊中的一种特殊的脆化现象引起了人们的注意(吴错等,2021)。

如图 3.22 所示,由于第二焊道的热作用,第一焊道粗晶区经历了不同峰值温度二次热循环。依二次热循环峰值温度的不同而分别形成亚临界粗晶区(SCGHAZ)、临界粗晶区(ICCGHAZ)、过临界粗晶区(SCCGHAZ)和未变粗晶区(UCGHAZ)。研究发现,其中的临界粗晶区(ICCGHAZ)有最低的韧性,称为临界粗晶区局部脆化区(LBZ)。

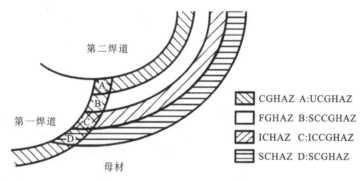

图 3.22 管线钢多道焊热影响区

管线钢单道焊的粗晶热影响区(CGHAZ)和多道焊的临界粗晶热影响区(ICCGHAZ)的显微组织如图 3.23 所示。

图 3.23(a)为第一焊道的 CGHAZ 的透射电镜下的微观组织。CGHAZ 内的奥氏体晶粒内部存在较多呈平行分布的条状 M-A,这些条状 M-A 组元的周围分布有高密度的位错缠结,这是位错移动受阻的结果 M-A 组元作为 X80 钢中的硬脆第二相,在奥氏体晶粒内部的密集排布可以对位错移动起到较为明显的阻碍作用。从图 3.23(b)中 ICCGHAZ 的组织可以看出,奥氏体晶粒内部的 M-A 组元发生大幅粗化,其厚度和长度较 CGHAZ 样品相比都大幅增加。M-A 组元尺寸的大幅增加会导致管线钢产生明显的脆化倾向,同时也加剧了材料内部的晶格畸变情况,导致奥氏体晶粒内部产生了更为明显的位错墙结构,且逐步呈现出胞状特征。

可以看出,对一次粗晶区 CGHAZ 在(α+γ)两相区的二次焊接热循环后,ICCGHAZ 的组织形态发生了较大的变化。ICCGHAZ 中有比 CGHAZ 中更粗大的 M-A 组元,并以断续网状的形态出现在原奥氏体晶界,即表现为因 M-A 组元而装饰起来的原奥氏体边界的"项链"结构。

5. M-A 组元

在连续冷却过程中,过冷奥氏体转变成铁素体对碳的固溶度较低,超过固溶度的碳被排

图 3.23 粗晶区和临界粗晶区组织形貌

除到尚未转变的奥氏体中,致使奥氏体富聚碳。在随后的冷却过程中,富碳的过冷奥氏体转变为马氏体,少量奥氏体因转变不完全而被保留,形成马氏体－奥氏体(M-A)组织,亦称为 M-A 组元。

M-A 分布在 GB、BF 边界之间,也存在于原奥氏体晶界,具有不同的形态,通称为 M-A 岛状组织。

在光学显微镜下,较大尺寸的 M-A 呈颗粒状亮白色;较小尺寸的 M-A 呈点状灰黑色。在 SEM 下,M-A 为亮白色;在 TEM 下,M-A 为黑色;在 SEM 和 TEM 下,M-A 呈块状、条状、针状和薄膜状等多种形状。由于 GB、BF 板条间为小角度晶界,化学侵蚀难以揭示出彼此的板条,因而在光学显微镜的尺度下,常见 M-A 分布在块状的基体上。这种块状的基体实际由多个板条或板条束组成。TEM 分析表明,M-A 组元可存在于原奥氏体晶界,也可存在于板条束界和板条界之间。

当冷却速度较小,富碳奥氏体在较高的温度发生转变时,则可能形成 Fe_3C。含有 Fe_3C 的转变产物可为珠光体(P)、退化珠光体(P′)或典型的贝氏体(UB,LB)。在光学显微镜中为黑色蚀刻区,在 SEM 和 TEM 下,可辨认其中的铁素体和 Fe_3C。在退化珠光体(P′)中,Fe_3C 不连续,呈断续状。

在一定条件下,富碳奥氏体可全部保留至室温,由于 M-A 的亚结构主要为孪晶,故随 M-A 含量增加,强度增加,韧性下降。M-A 的形态、数量、大小对强韧性产生影响:在母材中,小、匀、圆的 M-A 有利于强韧性。在焊接组织中,尺寸大的 M-A 不利于强韧性。

图 3.24 为两种 X80 管线钢的光学显微组织。在以 GB 为主的组织形态中,可发现 M-A 岛状组织或为亮白色颗粒,或为黑色点状分别分布于亮白色块状 GB 的边界和内部。由于 GB 板条间的小角度晶界不易侵蚀,在光学显微镜下难以分辨,因而在光学显微镜下所观察到的块状 GB 实质是一束晶体学位向大致相同的 GB 板条。亮白色颗粒和黑色点状的 M-A 岛状组织实质上分别分布于 GB 的板条束界和板条界。

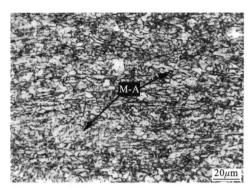 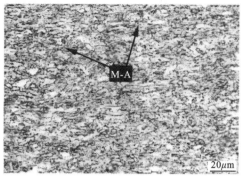

图 3.24 M-A 组元的光学显微组织

3.4 高钢级管线钢母材的组织类型

各厂商生产的高钢级管线钢的组织形态由于工艺技术的差别存在一定的差异。但一般来说,X70、X80 管线钢为针状铁素体(AF)组织,X90、X100 管线钢一般为贝氏体(B)组织,X120 管线钢为超低碳贝氏体和马氏体(B+M)。管线钢显微组织的演变过程代表了其发展历程。依据显微组织管线钢主要分为铁素体(ferrite)-珠光体(pearlite)型管线钢(简称 F-P)、针状铁素体(acicular ferrite,简称 AF 型)及贝氏体(Bainite)-马氏体(Martensite)型管线钢(简称 B-M 型),也有一类回火索氏体(tempered sorbite)管线钢。

3.4.1 F-P 或少 P 管线钢(第一代微合金化管线钢)

20 世纪 60 年代以前的管线钢 C 含量 0.10%～0.20%,Mn 含量 1.30%～1.70%,属于 C-Mn 钢,供货状态为热轧或正火,管道口径一般在 711mm 以下。组织类型(图 3.25)基本上为 F-P,通常包含体积分数约为 70% 的多边形铁素体(PF)和体积分数约为 30% 的珠光体(P),代表钢种 X52。随着微合金化、控轧控冷工艺的发展,少珠光体管线钢出现,代表钢种 X56、X60、X65,甚至 X70 管线钢也可以通过少珠光体组织设计达到高强韧性。这种管线钢被认为在控轧过程中铁素体基体上析出弥散分布的碳、氮化物,对强度的贡献达 100MPa,因此通常含碳量不大于 0.10%,微合金元素 Nb、V、Ti 总含量大约为 0.10%,其组织构成为 PF 与体积分数约 10% 的 P。

3.4.2 AF、GB 型管线钢(第二代微合金化管线钢)

AF、GB 型管线钢属于第二代微合金管线钢(图 3.26)。GB 管线钢在轧后采用较小的冷速即可获得以 GB 为主的微观组织,强度可覆盖 X65~X80 范围。而 AF 型管线钢通过加入 Mo 抑制块状铁素体(PF)形成,促进 AF 转变,并且能提高 Nb(C,N)的强化效果,其强度级别可以覆盖 X80~X100。Smith 等于 1971 年提出了 AF 的概念,它是微合金化管线钢在连续冷却条件下获得一种不同于 F、P 的非等轴铁素体,转变温度稍高于上贝氏体转变温度范围,具

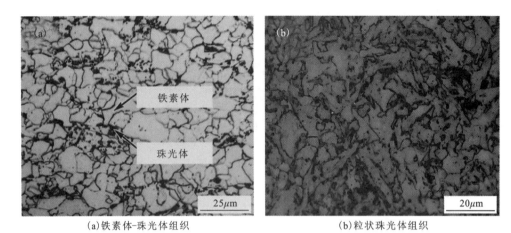

(a)铁素体-珠光体组织　　　　　　　　(b)粒状珠光体组织

图 3.25　第一代管线钢主要组织类型

有较高的位错密度,通常被认为是通过扩散及切变机制而形成的(吴锴等,2021)。AF 是粒状铁素体、贝氏体铁素体或两者组成的复相组织,并不是一种独立的组织形态,也被称作退化上贝氏体或粒状贝氏体。它的显微组织特征是板条状分布,若干平行排列的板条构成板条束,板条宽度为 0.6~1μm,板条之间为小角度晶界,板条束之间为大角度晶界;粒状或薄膜状 M-A 组元分布在板条铁素体之间;板条内存在高密度位错。

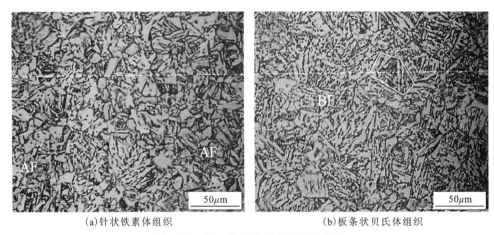

(a)针状铁素体组织　　　　　　　　(b)板条状贝氏体组织

图 3.26　第二代管线钢主要组织类型

3.4.3　LB-M 型管线钢(第三代微合金化管线钢)

近年来发展的高钢级管线钢 X100~X120 又出现了更多的组织类型,比如在针状铁素体基体上含有少量马氏体与其他形式的贝氏体组织等(图 3.27)。B-M 复相组织代表了未来管线钢的发展方向,具有该类组织形态的管线钢可覆盖 X100~X120 钢级。X120 管线钢典型的显微组织为下贝氏体-板条马氏体(LB-M),其 LB 和 M 均是具有高密度位错结构的板条组织,在 LB 板条内分布着细小的具有六方点阵的 ε 碳化物,这些碳化物与板条长轴呈 55°~65°,而 M 板条内的碳化物则呈魏氏组态分布,板条间存有奥氏体。

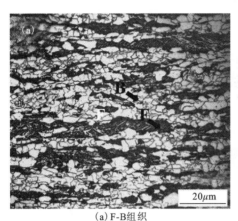 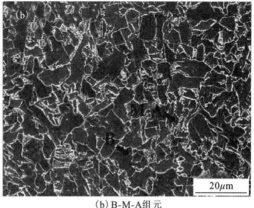

(a) F-B组织　　　　　　　　　　　　　(b) B-M-A组元

图 3.27　第三代管线钢主要组织类型

3.5　常见的组织多尺度表征技术

多尺度表征的基本思想是将材料的组织结构分为不同的尺度层次,从宏观到微观逐层进行观察和分析。这种方法可以帮助我们更全面地了解材料的结构和性质,从而为材料的设计和制备提供更加准确的指导。在多尺度表征中按尺度由大到小,常用的技术包括体视显微镜、光学显微镜(OM)、扫描电子显微镜(SEM)、透射电子显微镜(SEM)、电子背散射衍射(EBSD)等。这些技术可以帮助我们观察材料在不同尺度下的组织结构,从而获得更加详细的信息。

3.5.1　体视显微镜

体视显微镜(图 3.28),亦称实体显微镜,是从不同角度观察物体,使双眼引起立体感觉的双目显微镜。对观察体无须加工制作,直接放入镜头下配合照明即可观察,像是直立的,便于操作和解剖。视场直径大,但观察物要求放大倍率在 200 倍以下。这种显微镜的主要优势在于其能够提供立体视觉效果,能够更加准确地识别和观察金属样品的表面特征,如裂纹、腐蚀情况和其他宏观缺陷,可用于品质控制、材料检验、焊接质量评估和断裂分析等多个方面。

1. 体视显微镜基本原理

体视显微镜的原理是利用光线的折射和反射,将物体放大。当光线通过镜头时,它会被折射,使得物体的图像放大。这个图像会被反射到目镜中,使得我们能够观察到物体的细节(郑亚风等,2024)。光源提供光线,使得样品能够被观察。样品台可以调节高度和角度,以便更好地观察样品。

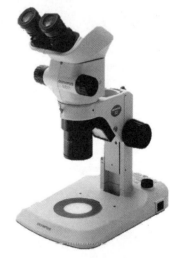

图 3.28　体视显微镜

2. 体视显微镜基本功能

(1)观察各种材料及构件的裂缝构成、宏观断口形貌、腐蚀情况等表面形貌。

(2)在制造小型精密零件时,用作机床工具的装置、工作过程的观察、精密零件的检查和装配工具。

(3)透镜、棱镜或其他透明物质的表面质量,以及精密刻度的质量检查。

(4)广泛应用于纺织制品、化工化学、塑料制品、电子制造、机械制造、医药制造、食品加工、印刷业、高等院校、考古研究等众多领域。

3. 体视显微镜在焊接研究中的应用

体视显微镜在焊接领域主要用于观察宏观焊缝成形、焊接缺陷及断口形貌等,是一种重要的材料表征技术。

图 3.29 为 X100 管线钢双道次直缝埋弧自动焊(LSAW)焊接接头的体视显微镜照片。从图中可以看出,焊接接头的熔合线、热影响区、各层道次分布特征等均能在一张图片中清晰地显示出来。图 3.30 为 X80 管线钢环焊缝裂纹的体视显微镜照片。从图中可以看出,焊缝裂纹起源于根焊焊趾处,在热影响区靠近焊缝一侧扩展,同时根焊层组织有宏观流线变形。

将体视显微镜用于对焊接接头的整体形貌、热影响区宽度、不同道次热输入量大小判别、焊缝裂纹扩展路径等方面具有独特的优势。

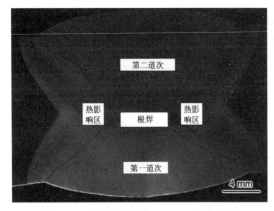

图 3.29 X100 管线钢 LSAW 焊接接头

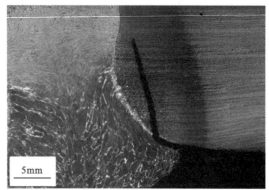

图 3.30 X80 管线钢环焊缝裂纹

3.5.2 光学显微镜(OM)

光学显微镜是用于金属及其合金微观结构分析的关键工具。它的基本原理是通过光学放大技术来观察和分析金属材料的微观特征,如晶粒大小、相界、夹杂物、裂纹及其他微观缺陷。这些特征对于理解材料的性能、加工特性和故障原因至关重要。

图 3.31 为实验室中较为常见的光学显微镜。光学显微镜通常采用倒置结构,装有高分辨率物镜,工作距离较短。光学显微镜具有以下特点:①精工细作,设计美观;②质量稳定,成

像清晰;③目镜筒与支撑台呈一定角度倾斜,使观察舒适;④仪器底座支撑面积较大,弯臂坚固,使仪器的重心较低,安放平衡可靠;⑤采用平场物镜和平场目镜,视场平坦,清晰度高;⑥两路光路输出,一路用于观察,一路用于连接摄像装置;⑦采用带有刻度标尺的双层机械载物台和落射照明装置,带可变光栏,亮度均匀可调。

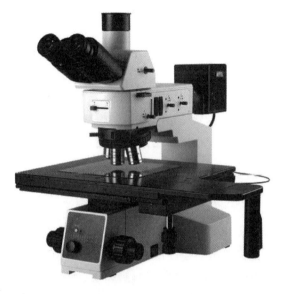

图 3.31　光学显微镜

1. 光学显微镜基本原理

光学显微镜主要包括光源、准直器、样品台、物镜、目镜和光学过滤器等部分。它通常使用明场照明技术,即光源直接照射样品。当光线通过样品时,由于金属内部不同成分和结构的光学性质差异,光线会以不同方式被吸收、反射或折射。这些差异在经过物镜放大和目镜观察后,使得观察者能够看到金属的微观结构。

除了传统的明场观察,光学显微镜也可配备其他照明技术,如偏光照明和暗场照明。偏光照明可以增强晶体结构中的对比度,而暗场照明则是利用偏转光来照亮样品,能够显示出样品表面的微小缺陷和不连续性。

现代光学显微镜通过物镜的不同放大倍率,可以提供从几十倍到上千倍的放大视图,与图像分析软件结合使用,提供更专业的金相分析。

2. 光学显微镜基本功能

光学显微镜主要功能如下。

(1)微观结构分析。光学显微镜能够展现金属及其合金的微观结构,如晶粒大小、形态、分布和相界。这对于理解材料的机械性能和热处理效果至关重要。

(2)缺陷识别。通过观察金属的内部结构,可以识别出如气孔、夹杂物、裂纹等缺陷。这对于质量控制和故障分析极为重要。

(3)相分析。光学显微镜可以用于识别和分析金属内不同的相(如铁素体、奥氏体、珠光体等)及其分布和形态,这对于理解和优化合金的性能至关重要。

(4)晶粒度测量。通过显微镜分析,可以测量和评估金属的晶粒大小,这与材料的强度和韧性有直接关联。

(5)热处理效果评估。通过观察热处理前后的金属组织变化,光学显微镜可以用来评估热处理工艺的效果,进而指导工艺参数的优化。

(6)腐蚀分析。光学显微镜还可以用于观察和分析金属材料的腐蚀行为,包括腐蚀产物的形态和分布。

(7)断裂分析。通过分析断口的微观特征,可以确定材料失败的模式(如韧性断裂或脆性断裂)和原因。

(8)表面处理评估。用于评估镀层、涂层或表面处理的质量,包括涂层的厚度、均匀性和与基体材料的结合情况。

3. 光学显微镜在焊接研究中的应用

光学显微镜可以观察金属材料低倍或高倍组织。图 3.32 为某 X100 钢埋弧焊焊接接头粗晶区微观形貌。粗晶区是母材组织受到单道次峰值温度不小于 1300℃ 的热影响并且缓慢冷却($6\sim7$℃/s)后形成的组织,因此粗晶区的晶粒粗大,平均约 $80\mu m$,晶粒内部由粒状贝氏体或者上贝氏体组成。

如图 3.33 所示,光学显微镜也可以观察焊接缺陷。工艺焊接性是管线钢发展过程中最为重要的性能之一,对焊缝性能提出了明确的要求。焊接制管过程中,偶见焊缝裂纹缺陷,取样机械加工并腐蚀后,可见接头组织中的裂纹和裂纹扩展路径(徐健宁等,2008)。

此外,光学显微镜配备有数字摄像头和图像分析软件,使其可以更精确、高效地进行分析和测量,进而在材料研发、工艺优化、质量控制等领域发挥关键作用。

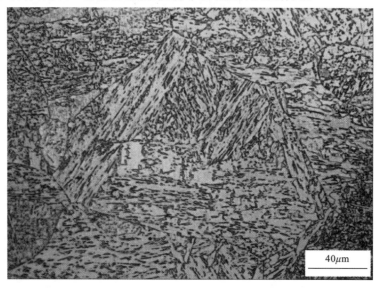

图 3.32 某 X100 管线钢埋弧焊焊接接头粗晶区显微组织

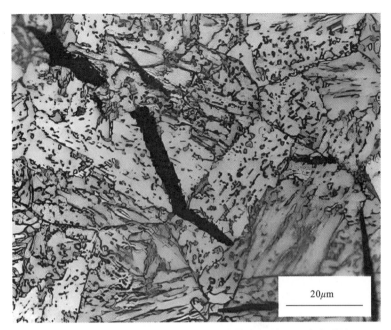

图 3.33 某 X100 管线钢 LSAW 焊接接头粗晶区二次微裂纹

3.5.3 扫描电子显微镜(SEM)

扫描电子显微镜(简称扫描电镜,SEM)是 20 世纪 60 年代以后,随着电子技术的发展而迅速发展起来的一种电子光学仪器。扫描电镜的成像原理与光学显微镜或透射电镜完全不同,不是用透镜放大或成像,而是类似于电视摄影显像的方式,用细聚焦电子束在样品表面扫描时激发产生的某些物理信号来调制成像。

扫描电镜(SEM)的出现和不断完善弥补了光学显微镜和透射电镜的某些不足,它既可以直接观察大块的试样,又具有介于光学显微镜和透射电镜之间的性能指标。扫描电镜具有试样制备简单、放大倍数连续调节范围大、分辨率比较高等特点。如配备上 X 射线能谱分析、离子溅射分析等附件,可以进行试样表面微区组织观察和微区成分分析,是进行材料微观组织研究的有效工具。

1. 扫描电镜的工作原理

扫描电子显微镜由电子光学系统(镜筒)、扫描系统、信号检测放大系统、图像显示和记录系统、电源和真空系统等部分组成,如图 3.34 所示。

由电子枪发射并经过聚焦的电子束在样品表面扫描,激发样品产生各种物理信号,其强度随样品表面特征而变化。于是样品表面不同的特征按顺序、成比例地被转换成视频信号。然后检测其中某种物理信号,并经过视频放大和信号处理,用来同步地调制阴极射线管(CRT)电子束强度。高能电子与固体样品相互作用产生的各种物理信号,经检测放大后都可作为调制信号,在阴极射线管荧光屏上获得能反映样品表面各种特征的扫描图像。

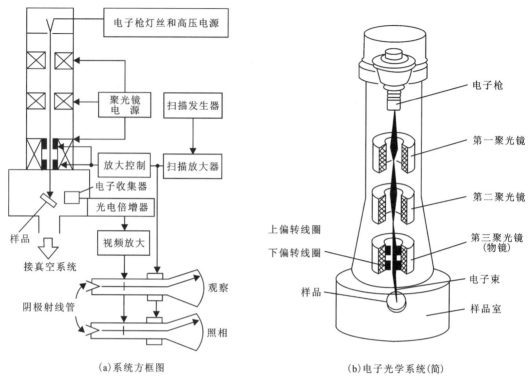

(a) 系统方框图　　　　　　　　　(b) 电子光学系统(简)

图 3.34　扫描电子显微镜的构造示意图

2. 电子束激发产生的各种物理信号

当一束高能电子沿一定方向射入固体样品时,电子束与样品物质的原子核及核外电子发生相互作用,产生弹性和非弹性散射,激发出各种物理信号。这些物理信号主要有二次电子、背散射电子、透射电子、吸收电子、特征 X 射线等,如图 3.35 所示。

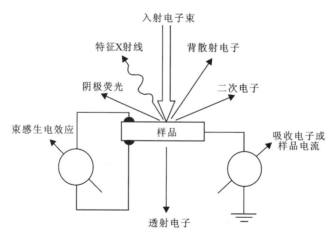

图 3.35　电子束与固体样品作用产生的各种物理信号

1) 二次电子

在单电子激发过程中被入射电子轰击出来的核外电子称为二次电子。当原子的核外电子从入射电子获得大于临界电离激发能的能量后,可离开原子变为自由电子。如果这种散射过程发生在比较接近样品表层处,那些能量大于材料逸出功的自由电子可能从样品表面逸出变成真空中的自由电子,即二次电子。

二次电子能量比较低,一般小于50eV,大部分在2~3eV之间。一般把在样品上方检测到的、能量低于50eV的自由电子称为"真正"二次电子,而把能量高于50eV的电子称为初级背散射电子(包括弹性和非弹性背散射电子及特征能量损失电子)。如果在样品上方装一个电子检测器来检测不同能量的电子,可按能量分布绘制出电子束作用下固体样品发射的电子能谱曲线,如图3.36所示,除了在入射电子能量E附近有一个敏锐的弹性背散射电子峰外,在$E<50eV$的低能端还有一个比较宽的二次电子峰,两峰之间是由非弹性背散射电子组成的背景。如果用高灵敏度的电子检测器来检测,还可以发现在50~1500eV之间的背景上存在一些微弱的特征能量俄歇电子峰,在弹性背散射电子峰的低能一侧,有一个或几个微弱的特征能量损失电子峰。

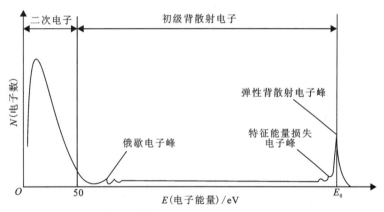

图3.36 电子束作用下固体样品发射的电子能谱曲线

2) 背散射电子

背散射电子是被固体样品原子反射回来的一部分入射电子,又称为反射电子或初级背散射电子,其中包括弹性背散射电子和非弹性背散射电子。前者指的是只受到原子核单次或很少几次大角度弹性散射后即被反射回来的入射电子,能量没有发生变化。有一些入射电子与原子核或核外电子发生非弹性散射,如内层电子激发或电离,尤其是价电子激发或电离等,使入射电子不同程度地损失能量。经过多次(几十次甚至几百次)各种类型的非弹性散射后,能量损失越来越大。当最终散射过程接近样品表层时,总散射角大于90°的那些入射电子也可能从样品表面反射回来。这些不仅改变运动方向,还有不同程度能量损失的入射电子称为非弹性背散射电子。

3) 透射电子

如果样品的厚度比入射电子的有效穿透深度小得多,将有相当数量的入射电子能够穿透样品而被装在样品下方的电子检测器所检测,称为透射电子。这里所讲的透射电子是指由直径很小(通常小于 20nm)的高能入射电子束照射样品微区时产生的,这一信号的强度仅取决于样品微区的厚度、成分、晶体结构和位向。

金属薄膜的厚度在 200~500nm 之间,在入射电子穿透样品的过程中将与原子核或核外电子发生有限次数的弹性或非弹性散射。因此,样品下方检测到的透射电子信号中,除了能量等于 E 的弹性散射电子外,还有各种不同能量损失的非弹性散射电子。其中激发等离子或内层电子电离而损失特征能量的非弹性散射电子是一种重要的信号。

4)吸收电子

随着入射电子与样品中原子核或核外电子发生非弹性散射次数的增多,其能量和活动能力不断降低,以致最后被样品所吸收。如果通过一个高电阻或高灵敏度的电流表(如毫微安表)把样品接地,那么在高电阻或电流表上将检测到样品对地的电流信号,就是吸收电子或样品电流信号。

5)特征 X 射线

特征 X 射线是原子的内层电子受到激发以后,在能级跃迁过程直接释放的具有特征能量和波长的一种电磁波辐射。高能电子与原子核外电子的散射几乎都是非弹性散射。它除了引起大量的价电子电离外,还将引起一定数量的内层电子激发或电离,使原子处于能量较高的激发态。这是一种不稳定的状态,较外层的电子会迅速地填补内层电子空位,使原子降低能量,趋向较稳定的状态(叫作跃迁)。

6)俄歇电子

处于激发态的原子体系释放能量的另一种形式是发射具有特征能量的俄歇电子。如果原子内层电子能级跃迁过程所释放的能量,仍大于包括空位层在内的邻近或较外层的电子临界电离激发能,则有可能引起原子再一次电离,发射具有特征能量的俄歇电子。俄歇电子能量一般为 50~1500eV,随不同元素、不同跃迁类型而异,它在固体中的平均自由程非常短。在样品较深区域产生的俄歇电子,在向表面层运动时必然会因不断碰撞而损失能量,使之失去具有特征能量的特点。因此,用于分析的俄歇电子信号主要来自样品表层 2~3 个原子层,即表层 0.5~2nm 范围。这说明俄歇电子信号适用于表层的化学成分。

3. 扫描电镜的主要功能

扫描电子显微镜在金属材料学方面提供了极为强大的功能,主要包括以下几个方面。

(1)高分辨率表面成像。SEM 能提供比传统光学显微镜高得多的分辨率,可达纳米级。能够观察金属材料表面细微结构,如晶粒度、微裂纹、加工痕迹等。

(2)化学成分分析。结合能谱仪(EDS 或 EDX),SEM 能对样品的化学成分进行定性和定量分析。这对于识别材料中元素分布、夹杂物或腐蚀产物至关重要。

(3)晶体结构分析。利用回旋电子衍射(EBSD)技术,SEM 能分析金属的晶体学性质,如晶体取向、晶粒大小分布和晶体缺陷。

(4)表面形貌观察。SEM 可以用于观察金属表面加工后的微观形貌,如抛光、蚀刻或磨损表面。

(5)断裂面分析。对断裂表面进行详细观察,可以揭示金属疲劳、断裂机制和裂纹扩展的过程。

(6)腐蚀评估。SEM 可对金属腐蚀行为进行研究,包括腐蚀产物形貌和分布。

(7)涂层和表面处理评估。对涂层、镀层,以及其他表面处理的微观结构和附着性能进行分析。

(8)缺陷和杂质分析。SEM 可以用来检测和分析材料中的内部缺陷和杂质,如孔洞、夹杂物等。

4. 扫描电镜在焊接研究中的应用

1)试样表面组织观察

扫描电镜的高分辨率和高放大倍数的特点,使其可以很方便地对焊接接头区域的微观组织和析出物进行观察和鉴别,特别是对很窄小的熔合区进行分析。图 3.37 是 X100 管线钢典型组织形貌,焊缝熔合线晶粒较为细小、均匀;热影响区的晶粒明显较大且不规则,晶界比熔合线更加明显(李君霞等,2024)。右图中还可以看到部分明显的裂纹或分裂,可能是由热应力或相变引起的。两张图片展示了焊接过程中不同区域的微观结构变化,反映了焊接热循环对材料微观结构的影响。

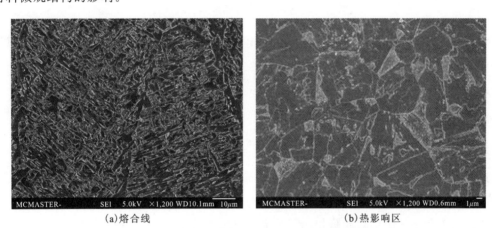

图 3.37　X100 管线钢典型组织形貌

2)表层结构分析

利用二次电子和背散射电子的通道效应,获得"电子通道花样",用以测定晶粒取向变化,观察因材料表面加工和辐射等引起的晶体缺陷,以及测定裂纹附近微区内的形变度等。

3)焊接微观断口观察

扫描电镜的特点之一是景深大,再配上成分分析附件,使它在对粗糙表面(特别是断口)分析方面具有独特的优势,在金属断裂机理、结构故障分析等方面应用非常广泛。通过扫描电镜的分析,人们对焊接接头断裂的微观机理和本质有了更深入的了解和认识。通过扫描电镜观察,可将脆性解理断口的形貌更细分为解理台阶、河流花样、扇形或羽毛花样等;将韧性断口的形貌细分为蛇形花样、涟波花样和各种形状的韧窝、撕裂棱等,这样更有助于分析微观裂纹的起源、萌生及扩展(王鹏宇和闫臣,2023)。

在图 3.38 中可以观察到焊缝韧性断裂展现了较为复杂、纤维状的断裂表面，表征着塑性变形产生的大量微观拉伸过程。这种纤维状的特征说明材料在断裂前发生了显著的塑性变形。而脆性断裂展现了一个较为平滑且具有锋利断裂面的特征，表明断裂过程迅速且几乎没有塑性变形。这种平坦和锋利的特征是脆性断裂的典型表征。两图明显反映了韧性断裂和脆性断裂之间的微观结构差异。

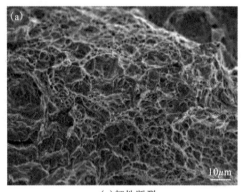

(a) 韧性断裂　　　　　　　　　　(b) 脆性断裂

图 3.38　X100 不同冲击断口特征图片

SEM 通过提供细致的微观信息，成为金属材料科学研究中不可或缺的工具，广泛应用于材料开发、工艺优化、缺陷分析等领域。

3.5.4　透射电子显微镜(TEM)

1. 透射电镜的工作原理

透射电子显微镜(transmission electron microscope, TEM)是一种通过使用电子束来照射样品并获取其内部结构图像的显微镜。透射电镜基本结构由电子光学系统和其他辅助系统组成。电子光学系统中的光路和光学显微镜的光路很相似(图 3.39)，只是用电子束代替了可见光，用电磁透镜代替了光学透镜。灯丝发射的电子束被数百千伏高压加速后，经过聚光镜聚焦成高强度的电子束斑。电子束穿过样品，再通过由物镜、中间镜及投影镜组成的成像系统多次放大后，在荧光屏上形成可见的图像。

透射电子显微镜是以波长极短的电子束作为照明源，用电磁透镜聚焦成像的一种高分辨率、高放大倍数的电子光学仪器。它由电子光学系统(镜筒)、电源及控制系统(包括电子枪高压电源、透镜电源、控制线路电源等)和真空系统 3 个部分组成。透射电镜的主要技术指标是分辨率和放大倍数。分辨率又分为点分辨率和线分辨率，点分辨率一般为 0.3nm，线分辨率一般为 0.204nm(元素金 200 晶面的面间距)和 0.144nm(元素金 220 晶面的面间距)，放大倍数高达数十万倍超高分辨率的透射电子显微镜还能直接显示固体晶格像和结构像，甚至可以用来观察重金属原子像(马晓丽等，2024)。

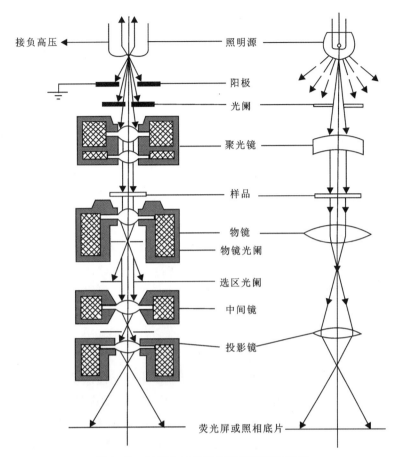

图 3.39 透射电子显微镜构造原理和光路

2. 透射电镜的主要功能

透射电子显微镜主要功能可以分为以下几个方面。

1) 高分辨率成像

TEM 使用的是电子束而非光波。电子的波长比可见光短得多,因此理论上可以达到更高的分辨率。在 TEM 中,电子束经过电磁场的精确控制后穿透超薄的样品,被样品中的原子散射,形成图像。这些图像可以揭示材料的微观结构,分辨率甚至可以达到 0.1nm 的级别,可以观察到单个原子的排列。此外,TEM 可以通过变焦功能来观察样品的不同区域,甚至是单个原子间的相互作用。这种高分辨率成像对于理解材料的物理性质至关重要,如电子、光子和热的传输机制。

2) 结构分析

TEM 能通过电子衍射模式来分析材料的结晶性。通过分析衍射模式,可以确定材料的晶格参数、对称性和晶体取向。这些信息对于理解和设计新材料具有重要意义。例如,在半导体行业,通过 TEM 的结构分析,可以精确控制晶体生长过程,从而优化电子器件的性能。晶格缺陷如位错、空位和杂质原子,对材料的机械性能和电子性能有着显著影响。TEM 可以直接观察到这些缺陷,为改进材料性能提供依据。此外,TEM还能观察到纳米尺度上的相界面和界面结构,用于多相材料的研究中。

3)化学组成分析

TEM通过附加的能量色散X射线光谱(EDX)分析系统来实现进行样品的化学组成分析。当电子束与样品相互作用时,会激发出特有的X射线信号,这些信号可以用来确定样品中各种元素的存在和分布。在材料科学中,TEM结合EDX可以用来检测合金中的元素分布,或者在纳米粒子研究中检测表面的化学组成。TEM结合EDX的分析在环境科学中也很重要,如分析空气中的颗粒物或水中的污染物,了解其成分和来源。在地质学研究中,通过分析矿物的化学成分,可以推测其形成的环境和历史。

4)动态观察

TEM在一定条件下进行动态观察。在特殊的TEM设备中,可以实时观察到材料在加热、冷却、机械应力或其他外部条件作用下的变化。这种功能在研究材料的相变、化学反应过程和生物样品的行为时非常有用。在材料科学中,通过实时观察纳米材料在加热过程中的晶体生长,可以了解其生长机制,并指导合成方法的优化。

3. 透射电镜的应用

1)金属薄膜试样的直接观察

以金属材料本身制成的薄膜作为观察分析的样品使透射电镜能够充分发挥它极高分辨率的特点,并利用电子衍射效应来成像,不仅能显示金属内部十分细小的组织形貌衬度,而且可以获得许多与样品晶体结构(包括点阵类型、位向关系、缺陷组态和其他亚结构等)有关的信息。

利用透射电镜(TEM)直接观察金属薄膜样品,能够充分挖掘电子显微镜的潜力。除了透射电镜,目前还没有其他更好的方法可以把微观形貌和结构特征如此有机地联系在一起。透射电镜主要应用于以下几个方面:①金属显微组织形态观察;②微观相、析出物分析;③晶粒之间取向关系测定(电子衍射);④晶体缺陷(空位、间隙原子、位错)性质分析;⑤位错密度、位错线柏氏矢量的测定;⑥相变初期形核与长大过程的研究;⑦对结构缺陷在应力场中运动及其交互作用的研究等。

2)金相观察

具有高分辨率和高放大倍数的金相形貌观察,是透射电镜最早的一种功能。通过制备表面复型样品,可以观察到光学光学显微镜无法分辨的精细组织细节(图3.40)。例如,进行奥氏体分解产物的精细结构和形成机理研究,确定屈氏体和上贝氏体、下贝氏体都是两相的机械混合物等。此外,还可做定量金相分析工作,例如测定钢中超细夹杂物的含量、超细粉末的粒度等。

3)萃取相分析

TEM可以提供纳米乃至亚纳米级的超高分辨率图像,能够观察到焊缝中的极微小的萃取相,包括它们的形状、大小和分布状态。这种细致的观察为焊接性能的微观机制提供了直观的证据。结合能量散射谱(EDS)技术,可以对焊接区域中的萃取相进行定量和定性的元素分析,为深入了解萃取相的成分和其与基体的相互作用提供了有力的工具。利用TEM还可以观察到界面附近的萃取相和其他微观组织,为界面的强度和韧性提供微观依据。

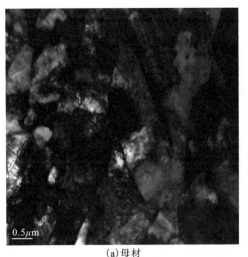
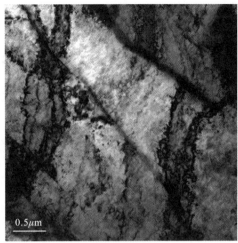

(a)母材　　　　　　　　　　　　　(b)热影响区

图 3.40　X100 管线钢不同区域 SEM 图片

3.5.5　电子背散射衍射技术(EBSD)

1. EBSD 工作原理

电子背散射衍射技术(EBSD)是目前最常用的研究多晶材料晶体学结构的方法。EBSD 方法最初是仅仅被作为一个应用试验工具,而现在已经成为测量晶体学取向的最重要的技术,同时也是测量晶界取向差和晶界参数的主要方法。电子背散射衍射最早是 1928 年由 Kikuchi 在透射电镜中观察到的条带状衍射花样,这种衍射花样被称为菊池线(带),直到 1973 年 Venables 和 Harland 在扫描电镜上用电子背散射衍射花样对材料进行晶体学研究,开辟了 EBSD 技术在材料科学方面的应用(吴文源,2024)。电子背散射衍射技术是基于扫描电镜中电子束在倾斜样品表面激发出并形成的衍射菊池线的分析从而确定晶体结构、取向及相关信息的方法。扫描电镜电子枪激发的电子束进入样品,由于非弹性散射在入射点附近发散,在样品表面几十纳米范围内成为一个电源,由于能量损失很少,电子的波长可认为基本不变,这些电子在反向出射时与晶体产生布拉格衍射,称为电子背散射衍射(杨宝峰等,2020)。电子背散射衍射仪一般安装在扫描电镜或电子探针上。样品表面与水平面夹角约 70°。每张电子背散射衍射花样包含了检测样品的晶体学信息(包括晶体对称性、晶体取向、晶格常数等),EBSD 荧光屏接收到的背散射衍射花样经 CCD 相机接收送至计算机进行数据处理,计算机将衍射花样进行 Hough 变换以探测各菊池带的位置,并计算菊池带间的夹角,然后与产生该花样相的各晶面夹角理论值进行比较,从而完成对衍射花样的标定(图 3-41)。EBSD 要求工作条件为 20~30kV 的加速电压,0.1~50nA 的探针电流,最佳分辨率为 100~200nm 的表面直径。EBSD 技术因操作简便、分析快捷、样品制备容易和不受样品尺寸限制等优点成为近年来分析材料晶界性能的主要研究手段。

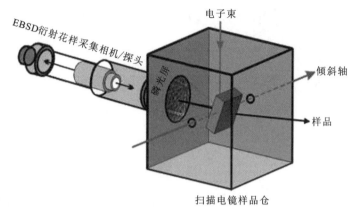

图 3.41 EBSD 花样产生示意图

2. EBSD 在高钢级管道环焊接头组织研究中的应用

1)有效晶粒尺寸测量

(1)测量方法和样品制备:EBSD 试验的样品制备是试验取得成功的重要部分。X90/X100 管线钢采用 TMCP 工艺生产,通过卷管和扩径在样品中存在一定的残余应力,残余应力的存在会严重干扰 EBSD 的解析质量。目前进行 EBSD 试验样品制备的方法主要有 3 种:一是电解抛光方法。该方法采用电解液利用电解抛光仪器对机械抛光样品表面进行抛光处理,从而去掉机械研磨和抛光引起的硬化层,该方法是 EBSD 试验最常用的样品制备方法。但电解抛光后表面会存在一定的浮凸(特别是板条结构材料)影响解析率。二是采用聚焦离子束。该方法对样品表面进行离子轰击去掉样品表面硬化层,这种制备方法缺点是不能制备较大块体样品,较大面积离子轰击比较耗费时间,优点是成功率较高。三是机械抛光。采用振动抛光仪器或手动抛光直接对样品表面进行抛光,该方法对制样人员要求较高。本实验采用机械抛光方法制备样品,利用砂轮切割机把样品切割成 15mm×10mm×Tmm 方形样品(T 为钢管厚度),为了辨别方向 15mm 边长要平行于轧制方向(RD),切割时一定要保持样品相对面的平行。然后用水砂纸进行机械研磨,砂纸粒度依次采用 360#、600#、800#、1000#、1200# 和 1500#。研磨和制备金相样品一样,当观察不到上一道砂纸的划痕时换下一道较细砂纸。然后进行机械抛光。根据样品制备经验,建议抛光按下面 3 个步骤进行。

粗抛:粗抛采用 2~3mm 粒度的抛光液(膏),抛光质量以观察不到研磨划痕为准,但时间不宜超过 5min 并且抛光时要保持抛光布湿润,目的是减少样品表面发热而产生硬化层。

细抛:细抛应采用 1.5mm 粒度以下的抛光液,抛光时间 3~5min,抛光质量为表面光洁如镜,肉眼观察不到明显划痕。

去应力抛光:采用硅溶胶溶液作为抛光液,硅溶胶溶液参数为碱性,50~100nm 粒度。在去应力抛光前把样品用清水冲洗干净避免把上一道抛光颗粒带入,同时必须采用单独的干净抛光布且没有被其他抛光液污染,抛光时间不少于 10min,抛光时要保持抛光布表面硅溶胶不间断。抛光后立即用清水冲洗抛光布和样品,并保持设备转动,冲洗 2~5min 即可停止。

用酒精冲洗样品水渍,用吹风机吹干,EBSD 样品制备完毕。然后放入干燥器中,等待 EBSD 试验用。

(2)EBSD 试验:把制备好的样品放置在 EBSD 专用的样品台上,样品观察面倾斜角度为 70°。为了防止样品在试验过程中的图像漂移,最好用 502 等强力胶进行固定,然后用导电胶带把样品和样品台连接。按照 EBSD 试验步骤进行操作,加速电压选择 25~30 kV 为宜,步长设为 0.1 mm,选择 100 mm×80mm 视场面积进行试验。试验完毕后进行数据保存和备份,便于后续数据处理。

利用牛津仪器科技(上海)有限公司 EBSD 系统安装的 Channel 5 软件的 Tango 数据处理软件进行数据处理。首先要对花样采集样品图像进行降噪处理,除去没有解析的点和析出碳化物 M-A 岛对晶粒尺寸的干扰,图 3.42 为 X90 一组样品降噪前后彩色晶粒对比图。然后加载晶界分析、织构分析等功能进行数据分析。利用 EBSD 试验研究金属材料的有效晶粒尺寸是目前较为普遍的方法,特别是对一些特殊组织材料,如贝氏体钢、马氏体钢、索氏体和一些复相组织材料,由于目前通用的《金属平均晶粒度测定方法》(GB 6394—2017)不适用于这些材料,给材料性能评价带来了困难。EBSD 采用晶体学原理进行材料晶粒尺寸的解析具有较高的准确性和可操作性。

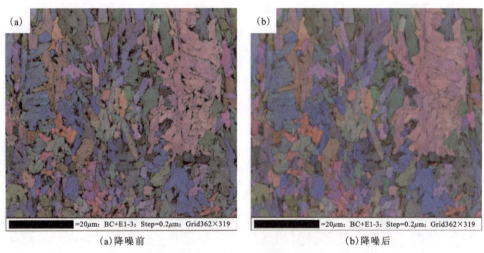

图 3.42 花样采集样品图像降噪处理对比图

2)MA 的定量分析

X90/X100 高强度管线钢主要显微组织为贝氏体,另外还含有少量的铁素体和 M-A 岛组织,由原来的铁素体-珠光体组织转变为含 M-A 岛的贝氏体(铁素体贝氏体)组织,其拉伸应力-应变曲线由连续屈服变成具有不连续屈服和塑性开始后即刻开始的高加工硬化率。加工硬化率随应变增加而降低,但均匀延伸率提高和加工硬化指数 n 的提高促使在成型极限图上向改善成形性的方向移动。Pickering 发现当 M-A 组成的体积分数由 0 提高到 10 时,抗拉强度直线上升,对抗缩颈产生,因而对良好的延伸成型性有重要意义。均匀应变与铁素体晶粒尺寸无关,而当加工硬化率速率相对于流变应力较高时达到最佳。虽然流变应力和加工硬化率都随 M-A 质点尺寸细化而提高,而加工硬化速率的提高比流变应力要快一些。均匀应变可以用细化 M-A 组成的质点尺寸来达到最佳,还可以在一定程度上提高其体积分数来改善,M-A 岛含量和尺寸分布对管线钢性能具有重要的影响,定量检测 M-A 含量对研究其力学性能具有重要的意义。

M-A 岛组织为马氏体和奥氏体,其晶体学结构分别为体心立方和面心立方。而基体组织铁素体晶体学结构也为体心立方结构,表明采用通用相分析的方法不能确定 M-A 的体积含量,并给检测带来了一定的难度。

在金相组织照片中,M-A 岛为分布在白色铁素体基体中的黑色颗粒,而在扫描电镜下,M-A 岛组织二次电子相又表现为灰色基体中的白色颗粒,这一特点为采用衬度方法测量 M-A 含量提供了便利。由于 MA 岛尺寸非常细小,大部分在 $1\sim3\mu m$,最大的也不到 $5\mu m$,这种尺度在光学显微镜下呈现黑色点状颗粒,由于其分辨率较低只能在扫描电子显微镜下观察,放大到 5000 倍左右,即刻清楚观察到 M-A 形貌。在观察时,随机选取 $5\sim10$ 个视场,观察位置为样品 1/4 厚度横截面。

首先利用钢铁材料常用的腐蚀剂硝酸酒精腐蚀显微组织,利用扫描电镜二次电子成像技术采集马奥岛组织照片。通过 Photoshop 软件对采集的二次电子照片反相处理,处理后 M-A 岛组织为黑色颗粒,然后利用 Image pro 图像处理软件进行 M-A 岛含量的定量统计分析,从而获得管线钢中的马奥岛组织含量。在统计时,曲线上会出现两个灰度峰,前面较小一个为 M-A 岛峰,后面较大一个为基体灰度峰,所以灰度值设定在 M-A 岛峰值底部,根据峰值设定值,系统会自动给出 M-A 所占面积比例和每个 M-A 岛颗粒的尺寸(图 3.43)。

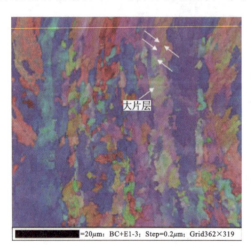 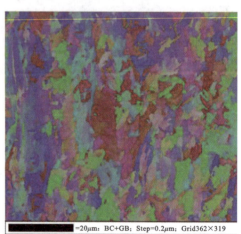

图 3.43 X100 直缝焊管显微组织 EBSD 形貌

4 高钢级管道环焊接头的力学性能表征技术

4.1 高钢级管道环焊接头的力学性能要求

4.1.1 强度要求

环焊缝的强度是管道安全服役过程中的重要指标,因此提出强度匹配和强度匹配系数概念。环焊缝强度匹配系数指焊缝金属强度与管体母材强度的比值,是影响管道环焊接头应变承载能力的关键参数。目前焊缝强度匹配的定义主要有基于屈服强度的匹配和基于抗拉强度的匹配两种表达方式。由于实际工程中管材强度具有一定离散性,目前通常以管材规定最小屈服或抗拉强度作为基准,对焊缝金属的屈服强度或抗拉强度提出匹配要求。无论以何种参数作为基准,各标准对环焊缝金属强度的要求均以至少达到等强匹配为目标,即高于管材的名义强度(表4.1)。为防止焊缝金属出现低强匹配,DEP 61.40.20.30-Gen-2010、欧洲管道研究组 EPRG 环焊缝适用性评价准则等标准均要求焊缝金属屈服强度一般高于母材纵向最小屈服强度20~100MPa(曾惠林等,2021)。

表4.1 相关标准对环焊缝金属屈服强度性能要求统计表

标准	标准要求
DEP 61.40.20.30-Gen-2010	环焊材料的屈服强度应高于母材规定最小屈服强度20MPa以上
GS EP PLR 425-2013	对于"J"形铺设的海底管道,焊接熔敷金属屈服强度应高于母材80MPa以上
欧洲管道研究组 EPRG 环焊缝适用性评价准则	环焊缝金属屈服强度应高于母材纵向环焊缝适用性评价准则 SMYS 100MPa以上
DNVGL-ST-F101-2017	对于承受应变小于0.4%的管道,环焊缝金属的屈服强度应高于母材屈服强度
	对于承受应变大于0.4%的管道,不得低于母材屈服强度上限20MPa
ISO 13847—2013	全焊缝金属拉伸的屈服强度应高于母材屈服强度

此外,在 ISO 13847—2013、API 1104—2013 等标准均规定若断在焊缝或熔合区,其抗拉强度大于或等于管材规定的最小抗拉强度,则该试样合格;若断在母材上,且抗拉强度不小于规定最小抗拉强度的 95%,则焊接工艺合格(表 4.2)。

表 4.2 相关标准对环焊接头横向(管道轴向)拉伸强度性能要求统计表

标准	标准要求
ISO 13847—2013 API 1104—2013 AS/NZS 2885.2—2007 DEP61.40.20.30-GEN-2010	当断裂发生在母材时,强度不小于管材名义最小抗拉强度的 95% 也认为合理;当断裂发生在焊缝或熔合区时,断面应符合相关要求
CSA Z662—2011	若断裂发生在焊缝和熔合区外,则等于或大于规定的母材最小抗拉强度的 95%
GB/T 31032—2023	若断裂发生在母材,且抗拉强度大于或等于管材规定的最小抗拉强度,则试样合格;若断裂发生在焊缝或熔合区,其抗拉强度大于或等于管材规定的最小抗拉强度,且断面缺陷符合相应要求
DEC-OGP-G-WD-002-2020-1	若断在焊缝或熔合区,其抗拉强度大于或等于管材规定的最小抗拉强度,则该试样合格。若断在母材上,且抗拉强度不小于规定最小抗拉强度的 95%,则焊接工艺合格
DNVGL-ST-F101-2017	对于承受应变小于 0.4% 的管道,焊缝屈服强度应高于母材屈服强度
	对于承受应变大于 0.4% 的管道,不得低于母材屈服强度上限 20 MPa
ISO 13847—2013	全焊缝金属拉伸屈服强度应高于母材屈服强度

为合理确定中俄东线黑龙江穿越段管材性能指标,中国企业标准 CDP-S-NGPPL-006-2014-3 和俄罗斯企业标准 TY 1381-011-47966425-2008 对钢管及环焊缝强度做出了明确规定。由表 4.3～表 4.5 可知,国内要求管体横向屈服强度在 555～690MPa 之间,横向抗拉强度为 625～780MPa;俄罗斯标准要求管体横向屈服强度在 555～665MPa 之间,横向抗拉强度为 640～760MPa,环焊缝最小抗拉强度均为 625MPa,均符合 API 标准。

表 4.3 中国对 X80M 钢管及焊缝拉伸性能指标要求

管体横向屈服强度/MPa		管体横向抗拉强度/MPa		管体横向最大屈强比	管体最小伸长率/%	焊缝最小抗拉强度/MPa
最小	最大	最小	最大			
555	690	625	780	0.93	15.64	625

表 4.4 俄罗斯对 K65 钢管本体及焊缝拉伸性能指标要求

管体屈服强度/MPa			管体抗拉强度/MPa			管体横向最大屈强比	管体最小伸长率/%	焊缝最小抗拉强度/MPa
横向最小	横向最大	纵向最小	横向最小	横向最大	纵向最小			
555	665	500	640	760	610	0.92	15.64	625

表 4.5 API 对 X70、X80 管体及焊缝拉伸性能要求

管线钢	管体屈服强度/MPa		管体抗拉强度/MPa		管体横向最大屈强比	管体最小伸长率/%	焊缝最小抗拉强度/MPa
	最小	最大	最小	最大			
X70	485	635	570	760	0.93	—	570
X80	555	705	625	825	0.93	—	625

4.1.2 冲击韧性要求

冲击韧性是评价管道环焊缝塑韧性是否优良的重要指标,而冲击吸收功的额大小是表征冲击韧性好坏的一个重要指标。多年来,国内外相关标准规范对环焊缝韧性的评价进行了多次规定及修订(孙爽等,2024)。其中,国内《西气东输二线管道工程线路焊接技术规范》(Q/SY GJX 0110—2007)和《西气东输三线管道工程线路焊接技术规范》(Q/SY GJX0210—2012)对环焊缝冲击韧性有明确要求,西二线、西三线和中俄东线标准对不同壁厚管线钢焊接后环焊缝冲击韧性进行了明确规定,如表 4.6~表 4.9 所示。

表 4.6 西二线、西三线 X70 钢冲击韧性试验要求

焊缝金属厚度/mm	试样尺寸(厚×宽×长)/mm×mm×mm	−20℃最低冲击吸收功/J	
		平均值	单个值
8<t^a≤11	7.5×10×55	57	42
t>11	10×10×55	76	56

注:X70 钢焊接接头冲击功验收指标参照了西气东输一线的标准要求。
t^a 为焊缝金属厚度。

表 4.7 西二线、西三线 X80 钢冲击韧性试验要求

焊缝金属厚度/mm	试样尺寸(厚×宽×长)/mm×mm×mm	−10℃最低冲击吸收功/J	
		平均值	单个值
8<t^a≤11	7.5×10×55	60	45
t>11	10×10×55	80	60

t^a 为焊缝金属厚度。

表 4.8　中俄东线用 X80 钢级 ϕ1422 mm 钢管夏比冲击韧性要求

取样位置	钢管壁厚/mm	冲击吸收功/J		剪切面积/%	
		单值	均值	单值	均值
管体横向	21.4	≥185	≥245	≥70	≥85
	25.7 或 30.8	≥140	≥180	≥70	≥85
焊缝及热影响区		≥60	≥80	报告	≥报告

注：试验温度为－10℃。

表 4.9　中俄东线用 X80 钢级 ϕ1422mm 钢管落锤撕裂试验要求

钢管壁厚/mm	DWTT S_A/%	
	单值	均值
21.4、25.7、30.8	≥70	≥85

注：试验温度为－5℃，为最低设计温度。

此外，中国企业标准 CDP-S-NGPPL-006-2014-3 与俄罗斯企业标准 TY 1381-011-47966425-2008 对华环焊缝冲击韧性指标也进行了明确规定。国内要求环焊缝冲击吸收功平均值不低于 80J，单值不低于 60J；俄罗斯标准规定环焊缝冲击吸收功平均值不低于 56J，单值不低于 42J，并且都规定了 DWTT 平均值不得低于 85%，单项值不得低于 70%（表 4.10、表 4.11）。

表 4.10　中国对 X80M 钢管韧性指标的要求

试验位置	试验温度/℃		夏比冲击功/J		DWTT 试验的试验剪切面积/%	
	夏比冲击	DWTT	3 个试样平均值	单个试样最小值	2 个试样平均值	单个试样最小值
管体	－10	－5	180	140	85	70
焊缝	－10	—	80	60	—	—

表 4.11　俄罗斯对 K65 钢管韧性指标的要求

试验位置	试验温度/℃		夏比冲击功/J		DWTT 试验的试验剪切面积/%	
	夏比冲击	DWTT	3 个试样平均值	单个试样最小值	2 个试样平均值	单个试样最小值
管体	－40	－20	200	150	85	70
焊缝	－40	—	56	42	—	—

澳大利亚标准《气体和液体石油管道系统-焊接》(AS 2885.2—2007)、国际标准《石油和天然气工业-管道输送系统-管道焊接》(ISO 13847—2013)和俄罗斯国际规范《干线输气管道压力10MPa以上的设计标准基本要求》(ГОСТР 55989—2014)均对环焊缝的断裂韧性提出相关规定(表4.12)。国外标准对管道环焊缝CVN单个最小吸收能的要求均处于30~40J,3个试样的平均吸收能的要求处于40~50J。此外中国石油天然气股份有限公司天然气与管道分公司发布的《油气管道工程焊接技术规范第1部分:线路焊接》(CDP-G-OGPOP-081.01-2015-1)中取消了环焊缝断裂韧性的具体规定,要求夏比冲击试验温度和冲击功均由设计文件根据实际工程情况具体规定。

表4.12　国外相关标准对管道环焊缝冲击功的规定

标准	标　准
AS 2885.2—2007	每组3个试样的平均吸收能应为40 J,单个试样的最小吸收能应为30 J。对于小尺寸试样,这些要求应根据试样大小而相应减小
ISO 13847—2013	对于壁厚不超过25mm的管道,其焊缝全尺寸试样的冲击试验结果应满足如下要求:①每组试样的平均CVN值应不小于40J;②单个试样的CVN最小值应不小于30J;对于壁厚大于25mm的管道,业主应规定更高的冲击能量或更低的试验温度,从而满足缺欠验收标准的适用性
ГОСТР 55989—2014	K65钢直径为1020~1420mm时,环焊缝冲击韧性要求不低于50J/cm²(37.5J/cm²);其余情况环焊缝冲击韧性与钢管焊缝一致,即不超过34.4J/cm²(29.4J/cm²),且不低于24.5J/cm²(19.6J/cm²)

4.1.3　断裂韧性要求

依托中国石油天然气集团有限公司重大科技专项"第三代大输量天然气管道工程关键技术研究"中课题"ϕ1422mm X80管线钢管应用技术研究",国内研究者完成ϕ1422mm钢管断裂特性研究、不同修正模型的适用性研究、现有气体爆破试验数据库分析和X80钢级ϕ1422mm管道止裂韧性指标确定。

对于环焊缝的断裂控制,相关标准规范基本均以裂纹尖端张开位移(crack tip opening displacement,CTOD)作为管道环焊接头断裂韧性验收指标。挪威船级社DNVGL-ST-F101-2017对于主要合金元素为C、Mn的钢管,要求其焊缝中心线裂纹在设计温度条件下的CTOD值不得低于0.15mm;对于壁厚小于13mm的薄壁管道,由于其处于平面应力状态,可以不进行CTOD测试。澳大利亚标准AS 2885.2—2007规定,对于壁厚超过13mm的焊接接头,其CTOD测试的均值不得低于0.15mm,单值不得低于0.1mm。美国石油学会发布的管道焊接标准API 1104—2013附录A将焊接接头的断裂韧性CTOD指标作为验收焊接缺陷时可选择执行的方式之一,其中第19版API 1104—1999提供了0.13mm和0.25mm两个等级的CTOD验收指标,而在之后版本(API 1104—2005、API 1104—2013)中,该验收值调整为0.05mm。目前,中国海洋管道焊接CTOD指标要求采用DNVGLST-F101-2017标准,陆地管道焊的国家和行业标准对CTOD暂无要求,仅对夏比冲击吸收能量C_V提出要求。

由于管道环焊接头CTOD的断裂韧性试验相对复杂,夏比冲击吸收能量测试比较简单,且常用的材料断裂韧性K、CTOD、J积分、C_V等指标之间存在一定关联,诸多标准推荐采用夏比冲击吸收能量作为材料的韧性指标(表4.13)。DNVGL-RP F108-2017、GB/T 19624-2019分别给出了J与K、CTOD及K与下平台区域C_V的关系式:

$$J = \frac{K^2(1-v^2)}{E} = \delta \sigma_0 \times 1.157 \left(\frac{\sigma_0}{\sigma_u}\right)^{-0.3188} \quad (4-1)$$

$$K = 14.6 C_V^{0.5} \quad (4-2)$$

式中:E为材料弹性模量,Pa;δ为CTOD,mm;v为材料的泊松比;σ_0、σ_u分别为材料的屈服、抗拉强度,Pa。夏比冲击吸收能量与断裂韧性的转换关系多为20世纪50~70年代依据低强度碳钢、低合金钢的试验数据统计、拟合而来,对微合金高强钢适用性不佳,适用于高钢级管道环焊接头的关系式尚有待研究。

表4.13 相关标准对环焊接头夏比冲击吸收能量要求统计表

标准	标准要求
ISO 13847—2013 API 1104—2013 AS/NZS 2885.2—2007 IOCT P 55989—2019	均值不小于40J,单值不小于30J
DEP61.40.20.30—2010	均值不小于SMYS(MPa)/10,单值不小于SMYS/14
Q/SY GJX 137.1—2012	X80输气管道环焊缝均值应不小于80J,单值不小于60J;X70输气管道环焊缝均值不小于76J,单值不小于56J;X65输气管道环焊缝均值不小于60J,单值不小于45J
Q/SYGD 0503.12—2016	设计温度下X80钢管焊接接头焊缝与熔合线的夏比冲击吸收能量均值不小于50J,单值不小于38J

4.2 环焊接头脆化及软化特征

4.2.1 环焊接头的脆化

1. 脆化特征

环焊接头在焊接热过程中存在3种脆化特征:①单道焊一次热循环中的粗晶区

(CGHAZ)局部脆化[图4.1(a)],韧性损失可达49%;②多道焊二次热循环中的临界粗晶区(IRCGHAZ)局部脆化[图4.1(b)],韧性损失可达69%;③亚临界粗晶区(SCGHAZ)局部脆化[图4.1(c)],韧性损失可达61%。导致CGHAZ局部脆化的原因是焊接热过程中的晶粒粗化和显微组织的变化。焊接高热输入条件下形成的多边形铁素体和珠光体,致使CGHAZ韧性恶化;中等焊接热输入促使针状铁素体生成,使CGHAZ韧性损伤程度降低(赵连学,2022)。导致IRCGHAZ局部脆化的原因是焊接热过程中形成的粗大、富碳的M-A组元和表现出来的组织遗传现象。导致环焊接头SCGHAZ局部脆化的原因是焊接热过程中,基体内碳化物的析出粗化和残余奥氏体的热失稳分解。

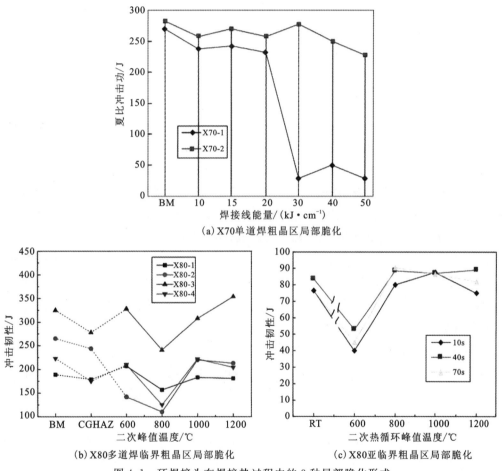

图4.1 环焊接头在焊接热过程中的3种局部脆化形式

环焊接头脆化区中裂纹的形核具有3种方式,即夹杂物形核、贝氏体铁素体板条与M-A组元界面处形核以及M-A组元内部形核。原奥氏体晶界、贝氏体、铁素体板条束界可改变裂纹的扩展方向,从而降低裂纹的扩展速度。管线钢的显微组织形态对裂纹扩展有不同的作用。针状铁素体使裂纹扩展速度降低;块状铁素体对裂纹的阻止作用较小;M-A组元对裂纹的扩展没有阻止作用。

2. 脆化成因分析

HAZ 的宽度很小，一般只有几毫米，并在这几毫米的范围内包括几个组织和性能不同的特定区域。采用焊接热模拟技术，使试样经受与实际焊接过程相似的热循环，从而获得与实际 HAZ 不同区域相似的组织状态（刘宇等，2020）。在焊接时，环焊接头的 HAZ 如图 4.2 所示。

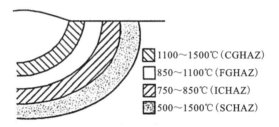

图 4.2　环焊接头 HAZ 示意图

环焊接头在经历单道焊一次热循环过程中，根据焊接时所经历的热循环峰值温度的不同，HAZ 可以分为粗晶区（CGHAZ）、细晶区（FGHAZ）、临界区（ICHAZ）和亚临界区（SCHAZ）4 个区域。

由于 X80 钢进行了较好的微合金化设计，其中 Nb、V、Ti 等微合金碳、氮化物通过质点钉扎晶界的机制而阻止奥氏体晶粒的粗化过程，因而母材的奥氏体晶粒尺寸较小。峰值温度为 950℃时发生了完全相变重结晶，因加热温度较低，晶粒未长大，原奥氏体晶粒非常细小，成为细晶区。当峰值温度为 1100℃时，即进入了粗晶热影响区，由于粗晶区的温度接近钢材的固相线温度，尽管高温停留时间短暂，奥氏体晶粒仍急剧长大，韧性降低。峰温升至 1300℃，由于加热温度很高，试验钢中微合金碳化物、氮化物和碳、氮化物溶解，晶粒发生急剧长大，晶粒尺寸分别增至 45μm 和 57μm，因而材料的韧性值最低。

CGHAZ 韧性降低还可以用在热模拟条件下所获取的组织结构特征来说明。焊接 HAZ 中不同峰值温度的差异，使 HAZ 中不同区域形成的组织各异。图 4.3 为 X80 钢环焊接头不同区域的光学显微组织。焊缝组织呈针状形态交错分布。HAZ 从熔合区至 SCHAZ，组织依次细小。

由图 4.3 可见，当峰值温度超过 1100℃时，在焊接热过程高温阶段形成的粗晶区中，原奥氏体晶粒的晶界清晰，其 CGHAZ 主要组织为针状铁素体，组织中的板条和板条间的 M-A 组元粗大，见图 4.3(c)，因而该区的韧性损失最严重。

当峰值温度在 950℃时，对应于 FGHAZ，奥氏体晶粒来不及长大，在加热和冷却过程中发生了相变重结晶，故奥氏体晶粒非常细小，如图 4.3(d)所示。如图 4.3(b)所示，奥氏体成分的均匀化很充分，韧性没有降低，对材料不构成危害。如图 4.3(f)所示，当峰值温度在 850℃时，对应于 ICHAZ，发生了部分重结晶，晶粒较细小，如图 4.3(e)所示；当峰值温度为 650℃时，进入到了 SCHAZ。

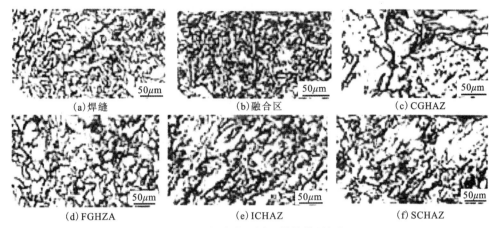

图 4.3 环焊接头不同区域的微观组织

通过扫描电镜对 CGHAZ 和 FGHAZ 的进一步分析(图 4.4)表明,相对于 FGHAZ 而言,CGHAZ 不仅晶粒粗大,而且在晶界和针状铁素体板条界有粗大的 M-A 岛状组织。这种粗大的晶粒和粗大的 M-A 岛状组织是导致 CGHAZ 脆化的主要原因。

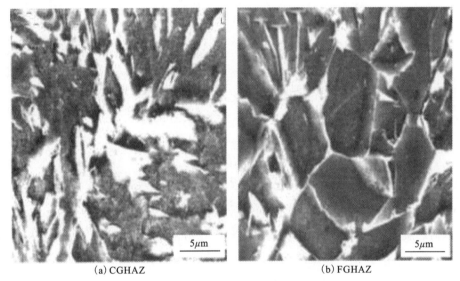

图 4.4 CGHAZ 与 FGHAZ 的 SEM 电子显微组织

环焊接头的粗晶区、细晶区、临界区的组织冲击韧性都较高,普遍在 200J 以上。而临界粗晶区的韧性较差,平均韧性在 50J 以下,原因依然是由于链状 M-A 的存在。随着二次峰值温度的上升,M-A 的分布逐渐离散化,并且尺寸也有所减小,因此冲击韧性随之升高。减小临界粗晶区的晶粒尺寸使得 M-A 的形核位置增多,因此 M-A 的分布更加离散,尺寸也显著降低,从而使得冲击韧性有了明显提升。当临界粗晶区晶粒内部由韧性较好的板条状贝氏体组成时,冲击韧性较高。反之,当晶内组织为韧性较差的粒状贝氏体或者低温下形成的板条贝氏体时,临界粗晶区的冲击韧性也随之下降。综合上述结果可知,只要能使 M-A 的分布从链状连续分布变为较离散地分布,M-A 的尺寸也会随之减小,因此就能够显著地提高冲击韧性。

4.2.2 环焊接头的软化

1. 软化特征

焊接热影响区软化是指焊接后焊缝两侧母材受热区域材料的硬度低于母材原始硬度的现象,即材料变软,称为焊接热影响区软化。软化并非发生在整个焊接热影响区,而是主要发生在焊接热循环条件下,材料发生重新再结晶的区域。热影响区软化本身是一个相对概念,软化的程度既与自身组织转变有关,更受到母材组织性能的影响。软化意味着弱化,即强度的降低。

图 4.5 为 3 种 X80 钢模拟焊接热影响区在不同峰值温度下维氏硬度的对比(冷却时间 $t_{8/5}$ 为 15s)。由此可知,当峰值温度为 900～1000℃时,3 种 X80 钢模拟焊接热影响区维氏硬度均出现软化现象,其中 X80-A 与 X80-C 的维氏硬度下降更为显著;当峰值温度大于 1000℃时,维氏硬度逐步增大。

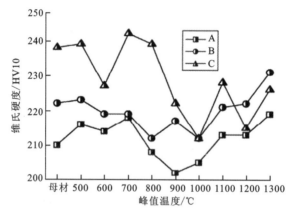

图 4.5　峰值温度对 X80 模拟焊接热影响区维氏硬度的影响($t_{8/5}=15s$)

3 种 X80 钢模拟焊接热影响区软化参数的对比(冷却时间 $t_{8/5}$ 为 15s)见表 4.14～表 4.16,包括屈服强度、抗拉强度、维氏硬度相对于母材的最大软化率,以及出现软化的温度范围。由此可知,3 种 X80 钢模拟焊接热影响区均在一定程度的软化,其中屈服强度的下降较显著。

对比可知,X80-A 屈服强度与抗拉强度的软化率和软化温度范围最大,X80-C 维氏硬度的软化率最大。综合可知,X80-B 模拟焊接热影响区的软化程度小于其他两种钢。

表 4.14　X80 模拟焊接热影响区屈服强度 $Rt0.5$ 相对母材的软化参数

编号	母材	HAZ 最低值	软化率/%	软化温度范围/℃
X80-A	585	479	18.1	500～1300
X80-B	546	494	9.5	736～1122
X80-C	677	567	16.2	807～1300

表 4.15 X80 模拟焊接热影响区抗拉强度 Rm 相对母材的软化参数

编号	母材	HAZ 最低值	软化率/%	软化温度范围/℃
X80-A	697	639	8.3	500~1300
X80-B	704	660	6.3	500~1157
X80-C	779	735	5.6	500~729,840~1185

表 4.16 X80 模拟焊接热影响区维氏硬度(HV10)相对母材的软化参数

编号	母材	HAZ 最低值	软化率/%	软化温度范围/℃
X80-A	210	202	3.8	778~1065
X80-B	222	212	4.5	524~1198
X80-C	238	212	10.9	508~673,806~1300

2. 软化成因分析

图 4.6 为环焊接头不同位置的显微组织。图 4.6(a)为紧邻熔合线位置的热影响区显微组织,主要为粒状贝氏体组织,可见明显的原始奥氏体晶界,原始奥氏体晶粒粗大,该位置被称为焊接热影响区粗晶区。图 4.6(b)为距离熔合线约 3mm 的热影响区组织,主要由细小的等轴铁素体构成,在铁素体晶界有少量的 M-A 组织,该位置也被称为热影响区细晶区。由于粗晶区原始奥氏体晶粒粗大,形成的二次粒状贝氏体硬度较高,因此未表现出软化现象;而细晶区形成细小铁素体组织,硬度较低,因此表现为软化。

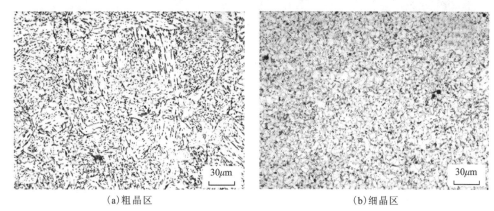

图 4.6 环焊接头不同区域显微组织

图 4.7 为采用 EBSD 技术得到的板材、管材和软化区的晶界及再结晶分布图(用黑色来标定大角度晶界,绿色标定小角度晶界,大于 15°为大角度晶界,2~15°为小角度晶界),表 4.17 为晶界和再结晶分布比例。通过对晶界分布图(图 4.7)的分析发现,原始板材中等轴晶粒组织占比较大,管材中晶粒在外力作用下发生扭曲变形,小角度晶界所占比例上升,相比于板材

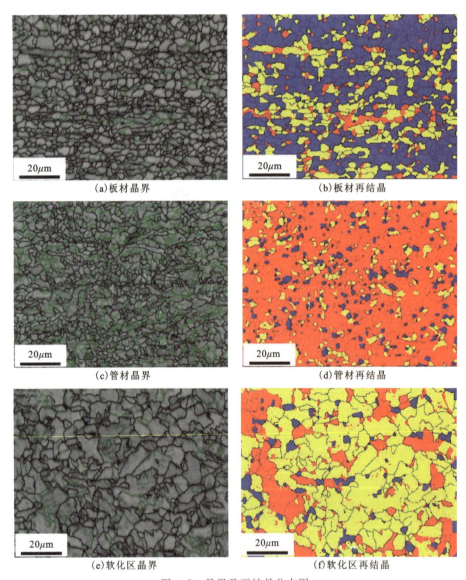

图 4.7　晶界及再结晶分布图

表 4.17　晶界及再结晶分布比例　　　　　　　　　　　　　　单位：%

	Plate	Tube	Soften-zone
小角度晶界	16.3	43.8	32
大角度晶界	83.7	56.2	68
再结晶晶粒(蓝色)	61.25	7.5	7.5
亚晶(黄色)	30	13.75	66.25
变形晶粒(红色)	8.75	78.75	26.25

小角度晶界增加了 27.5%。小角度晶界数量的增加使得晶界面积增大，从而提高了界面能，提升了材料的强度；软化区中，小角度晶界下降，相比于管材降低了 11.8%，同时晶粒长大，导致材料强度降低。通过对有效晶粒尺寸进行计算，测得板材平均晶粒尺寸为 4.1μm，管材为 4.9μm，软化区为 8.4μm，其中板材和管材晶粒度均在 12～13 级之间，属于超细晶粒，因此板材和管材中都采用了细晶强化的方式来提升材料的性能，软化区中晶粒长大，使细晶强化的作用减弱。相比于管材，软化区由晶粒长大引起的材料屈服强度的降低量可以用 Hall Petch 关系来计算：

$$\sigma_y = \sigma_0 + kd^{-1/2} \tag{4-3}$$

式中：σ_y 为多晶体屈服强度；σ_0 为单晶体强度；k 为与材料有关的常数，取 17.4MPa·mm$^{1/2}$；d 为有效晶粒尺寸。通过计算，软化区晶粒尺寸长大对材料屈服强度的减少量为 55MPa。

板材中晶粒主要以再结晶晶粒为主[图 4.7(b)，用蓝色表示再结晶，黄色表示亚晶，红色表示变形晶粒]。在制管之后，管材经历了大变形，其中晶粒以变形晶粒为主[图 4.7(d)]，晶粒的变形程度增加，大量位错发生聚集位错密度增加，同时由缠结的位错组成胞状亚结构。其中高密度的缠结位错集中于胞的周围构成胞壁，而胞内的位错密度较低，变形晶粒就是由许多这种胞状亚结构组成的。软化区中以亚晶为主，相比于管材，有 52.5% 的变形晶粒转化为亚晶，这是由于软化区在焊接热循环的作用下发生了回复与再结晶。此前位错增殖形成的胞状胞解缠结，并且通过位错的运动使得异号位错相互抵消，导致位错的密度下降（隋永莉，2019）。通过对晶粒取向差及晶界图进行建模计算得出板材、管材和软化区中的位错密度分别为 $4.2\times10^{13}/m^2$、$1.9\times10^{14}/m^2$ 和 $3.9\times10^{13}/m^2$。管材中由于位错增殖而引起的屈服强度增加量可以用式(4.4)来进行计算：

$$\sigma_d = \alpha Gb\rho^{1} \tag{4-4}$$

式中：G 为剪切模量，为 8.3×10^4 MPa；b 是柏氏矢量，为 0.248 nm；ρ 为位错密度；α 为常数，取 0.5。

计算的屈服强度的增加量为 71MPa，相比于板材，管材中还采用了形变强化的方式提高材料的强度。而软化区中，位错密度的降低使得材料屈服强度的减少量为 74MPa。综上所述，低碳微合金管材环焊接头软化区主要形成原因是：在焊接热循环的作用下，环焊接头热影响区中的两相区(对应温度区间为 700～800℃)发生了回复和一定程度的再结晶，使得晶粒长大，位错密度降低，从而使细晶强化和形变强化作用减弱。

图 4.8 为板材、管材和软化区在透射电镜下的显微组织。板材中存在部分移动位错，而位错缠结情况较少，制管后，位错密度提高的同时发生了缠结和重排现象[图 4.8(a)、(b)]。对比图 4.8(b)、(c)发现，环焊接头软化区的晶粒相比于管材有一定程度的长大，同时位错密度有明显的下降，这与之前的计算结果基本吻合。从图 4.8(d)中可以明显观察到，由于位错移动而形成了位错胞，这是冷变形材料在回火过程中最典型的回复现象，其结果是过量的点缺陷减少或者消失，位错发生滑移，导致位错的重新组合及异号位错相互抵消，最终形成胞状亚晶。因此可以判断出软化区的形成是由于材料中出现了回复和再结晶。

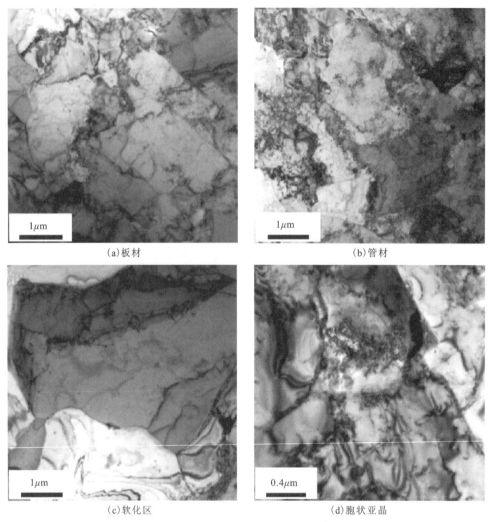

图 4.8 TEM 显微组织

4.3 常见的性能多尺度表征技术

4.3.1 全尺寸表征技术

1. 全尺寸爆破

1）试验简介及流程

全尺寸气体爆破试验通过焊接的方式设置试验段。试验段中间放置低韧性钢管作为起裂管，起裂管两侧排列试验管（常采取韧性由低到高的方式排列）。通过线性聚能切割器在起裂管引入初始裂纹。在内压的驱动下，裂纹由起裂管向两侧试验管扩展。当裂纹扩展驱动力

4 高钢级管道环焊接头的力学性能表征技术

(裂纹尖端气体压力)大于裂纹扩展阻力(钢管自身韧性)时,裂纹将加速扩展;当裂纹扩展驱动力等于裂纹扩展阻力时,裂纹将稳态扩展;当裂纹扩展的驱动力小于裂纹扩展阻力时,裂纹将减速直至停止扩展(杨锋平等,2021)。试验过程中通过专用仪器对管体数据及爆炸危害数据进行采集和处理。

全尺寸气体爆破试验流程如图4.9所示。整个试验流程包括钢管选管(根据性能)、管沟开挖、布置、焊接、环焊检测、传测试元器件安装、数据采集系统调试、试压、吹扫、回填、氮气置换、天然气充装、切割器和引燃装置安装、天然气点燃、数据采集及分析等多个工序,涵盖材料、机械、储运、电气电路等多个专业的内容,其中最核心的内容是钢管布置方案、数据采集传感器布置以及结果分析过程。

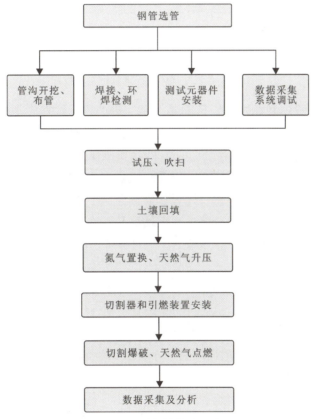

图 4.9 全尺寸气体爆破试验流程

2)试验装置及布置

A. 试验钢管及布置

试验采用的钢管包括起裂管、过渡管和目标管,其中起裂管和目标管为试验必备钢管,过渡管为试验可选钢管,试验钢管排布如图4.10所示。

起裂管放置于整个试验段的中间位置,用于引入高速扩展的初始裂纹,如需发展稳态扩展的裂纹,则宜在起裂管两侧各放置1根起裂管,过渡管的韧性值处于相邻的起裂管韧性值与目标管韧性值之间。在起裂管或者过渡管两侧按韧性递增的顺序放置目标管用于确定钢

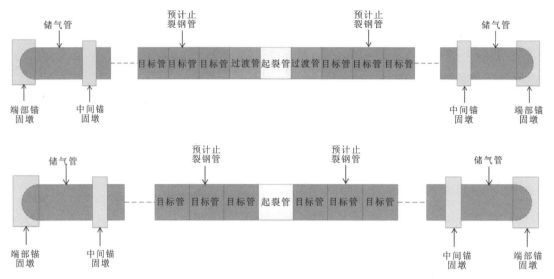

图 4.10 全尺寸气体爆破试验钢管及布置

管的止裂韧性。在放置过渡管的情况下,最有可能止裂的目标管宜放置在起裂管两侧第三根钢管位置;在不放置过渡管的情况下,最有可能止裂的目标管宜放置在起裂管两侧第二根钢管位置。除钢管夏比冲击功以外,钢管的其他性能(如拉伸性能、落锤撕裂性能、微观组织等)也需要获得,用于预测模型研究和试验结果分析。

试验段起裂管数量为 1 根。单侧目标管数量不得少于 3 根,全部目标管数量不得少于 6 根;单侧过渡管数量不得少于 1 根,全部过渡管数量不得超过 2 根;同时起裂管两侧可采用不同管型钢管,但是一侧钢管管型应一致;最后 1 根目标管末端应与储气管相连。

B. 数据采集及传感器布置

全尺寸气体爆破试验预测钢管的止裂韧性过程中必须获得裂纹的扩展速度和气体的减压行为,不仅可对止裂模型进行修正,还可与止裂管的韧性结果进行对比分析。在试验中,裂纹扩展速度和减压波关系通过时间线和高频压力传感器获得。全尺寸气体爆破试验时间线安装及布置情况如图 4.11 所示。时间线通常在管道试验前安装,采用 $0.5\sim1mm^2$ 单股铜芯纱包线作为时间线,在固定位置安装,通过时间线的通断信号来记录裂纹到达时刻,利用相邻时间线间隔距离及通断时间计算裂纹扩展速度。

钢管在裂纹扩展过程中,内部压力下降,在裂纹尖端的压力是裂纹继续扩展的驱动力。通过高精度的高频压力传感器,可获得裂纹扩展瞬间的压力变化情况,从而计算气体的减压波曲线。压力传感器及其安装位置如图 4.12 所示。压力传感器安装在钢管上(打孔安装),需具有高精度、密封性好、耐冲击的特点,安装位置要避开裂纹的扩展路径,防止传感器损坏。除上述传感器之外,还可根据试验需求安装应变片、应变花、温度传感器等仪器,用于测试钢管在裂纹扩展中的变形、气体温度变化等试验参数和数据。

3)试验程序

整个试验程序:起裂器和引燃装置加工准备,试验钢管准备,布管,环焊连接,环焊缝检验,仪器仪表安装(包括压力传感器、温度传感器、应变片、计时线、冲击波传感器、热辐射传感器、地震波传感器、摄像机、碎片收集装置等),水压试验/空气试压,线性聚能切割器和引燃装置安装,土壤回填,氮气置换,天然气注入/配气,气体循环及化学成分分析,数采系统调试,爆破实施及数据采集,场地清理等。

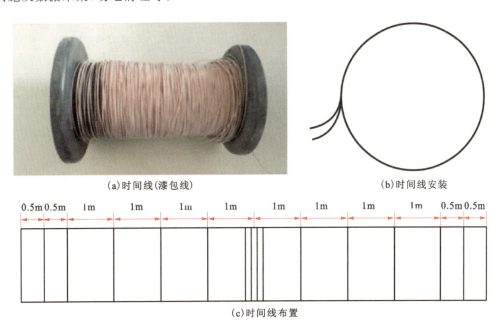

图 4.11 全尺寸气体爆破试验时间线安装及布置情况

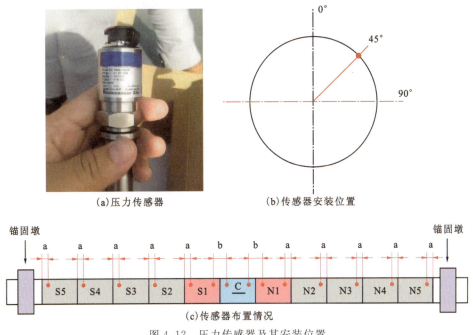

图 4.12 压力传感器及其安装位置

4)数据分析

A. 裂纹扩展速度分析

X80钢级 ϕ1422mm 螺旋缝埋弧焊管的全尺寸气体爆破试验如图4.13所示。试验过程中裂纹共扩展了3根钢管,在南、北两侧第一根钢管发生止裂[图4.13(b)]。其中起裂管韧性为233J,止裂管韧性分别为296J和304J。由试验结果可知,实际止裂韧性应为233~296J,与预测结果基本一致。

(a)爆破瞬间　　　　　　　　　　　(b)爆破后的管道

图4.13　X80钢级 ϕ1422mm 螺旋缝埋弧焊管的全尺寸气体爆破试验

X80钢级 ϕ1422mm 螺旋缝埋弧焊管试验过程中裂纹扩展速度变化情况如图4.14所示。裂纹扩展速度曲线的结果与试验结果相符,可以看出裂纹在起裂管起裂后,裂纹扩展速度迅速升高,随后保持稳定,而扩展至南、北侧第一根钢管时,扩展速度急速减慢,并发生止裂,裂纹稳态扩展时的状态下应为管道止裂的临界条件。南、北两侧的裂纹扩展速度变化较为相似,说明管道的性能较为均匀,两侧的结果可以互相验证。

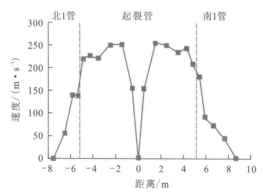

图4.14　X80钢级 ϕ1422 mm 螺旋缝埋弧焊管裂纹扩展速度变化情况

B. 减压波分析

X80钢级 ϕ1422mm 螺旋缝埋弧焊管全尺寸气体爆破试验的减压波如图4.15所示。根据所采集的压力变化关系[图4.15(a)]绘制了减压波曲线[图4.15(b)]。同时通过GERG状态方程根据实测天然气组分、温度和压力计算得到了天然气的减压波。实测减压波与模型计算得到的减压波对比[图4.15(c)]。从图4.15(a)中可以看出不同位置上的压力下降具有明显的时间先后规律,说明传感器工作正常,数据采集良好。对于图4.15(a)的结果开展截线法,可获得减压波速曲线。通过图4.15(c)可以看出计算结果与试验结果在高压部分的数据一致性较好,而在低压部分则相对较差,整体相差不大,说明该方法获得的减压波数据较为准确可靠。

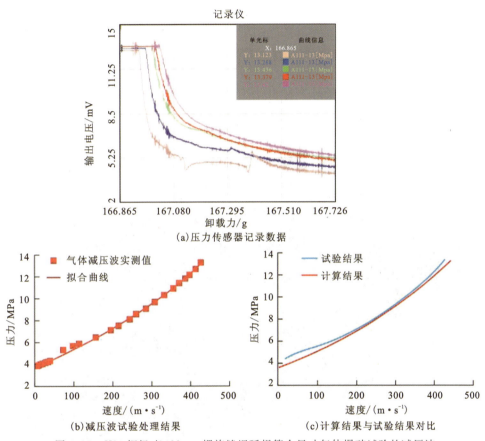

图4.15 X80钢级 φ1422mm 螺旋缝埋弧焊管全尺寸气体爆破试验的减压波

2. 弯曲试验

1)试验背景

近年来的管道失效事故表明,管道环焊缝是油气输送管道的薄弱环节,由于诸多因素常常存在各种类型的缺陷,其安全性往往影响着整个管线,因此需要对其安全性进行评估。若环焊接头内存在缺陷,在外力作用下整个环焊缝受到轴向拉伸载荷,缺陷处易产生应力集中,导致裂纹的萌生并扩展,最终演化为管道失效。全尺寸弯曲试验可模拟实际的管道受拉、受压条件(耦合管道内压),利用油压伺服系统对管道引入弯矩。全尺寸弯曲试验时,钢管在垂直方向上受力较小,而在水平方向上受力较大。由于弯矩的存在,钢管水平方向上背弯侧受到拉伸载荷作用,而面弯侧受到压缩载荷作用。从而模拟管道环焊缝(缺陷)受拉的情况,可获得环焊缝失效的类型和失效过程中管道应变的变化,最终对管道环焊缝的承载能力进行评估和分析。

2)试验原理及过程

A. 全尺寸弯曲试验平台

轴向压缩-弯曲复合大变形试验系统能模拟天然气管道在服役过程中的载荷情况,并能完成试验管的弯曲变形试验和破坏性试验。在试验过程中,能实时采集载荷、位移、应力及应变等参数,将采集到的数据以数据库的形式记录,并以曲线、图表等形式输出试验结果。试验平台(图4.16)利用液压油缸的移动产生推力,油缸的最大推力为600t,行程为3600mm。试验时通过主动、从动臂的转动产生弯矩,主、从动力臂的长度为6000mm,可完成最大规格为外径1219mm、壁厚26.4mm X80钢管的全尺寸弯曲试验,水压系统可提供的最大工作压力为12MPa。测量系统中位移测量精度为$5\mu m$,压力测量精度为1%。试验平台由机械加载及液压系统、水增压系统、控制系统、数据采集与处理系统等组成。

图4.16 全尺寸弯曲试验平台

B. 全尺寸弯曲试验基本原理

通过两点弯曲的形式,利用液压装置和力臂产生弯矩,从而使整个试验管发生弯曲,如图4.17所示。

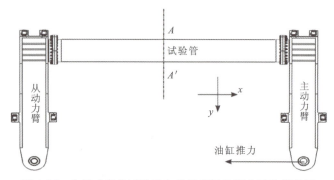

图4.17 全尺寸弯曲试验平台的示意图及弯曲试验原理图

在弯曲过程中,试验钢管水平向外发生弯折,等效于钢管外侧(受拉侧)受到拉伸作用(变长),而内侧(受压侧)受到压缩作用(变短)。基于应变设计研究过程中,通常是利用试验钢管上布置的应变片记录全尺寸弯曲试验过程中的临界状态,从而获得钢管的拉伸、压缩应变容量指标。对于带有环焊缝的管道而言,其变形失效模式主要是拉伸失效,而对于不含环焊缝的钢管而言,其变形失效模式主要是达到屈曲极限的压缩失效。根据失效模式不同,结合全尺寸弯曲试验的特性,从而对整个试验过程进行设计,即管道环焊缝管道全尺寸弯曲试验主要关注拉伸侧的应变变化,而对于不含环焊缝钢管的全尺寸弯曲试验则主要关注压缩侧的应变变化。在管道受拉侧布置应变片用于测量管道在弯曲过程中钢管母材及环焊缝的轴向拉伸应变,从而获得环焊缝失效过程中管道的远端应变。在母材上布置环向应变片用于测量环向应变变化。

C. 实验准备

根据全尺寸弯曲试验特性将缺陷位置放置在拉伸侧水平位置(最大拉伸载荷位置)。整个试验准备过程包含钢管坡口加工、钢管组对安装及焊接、应变片安装及测试等步骤,如图 4.18 所示。为了获得试验钢管加载过程中不同位置上的纵、横向应变,对应变片安装位置

图 4.18 钢管坡口加工、组对焊接及应变片布置情况

进行了设计和布局:共布置了21个应变片,如图4.19所示。其中12个安装在钢管母材(受拉侧)上(从左至右采集通道分别为1~12,左侧为主动臂侧,其中通道1、通道12的应变片分别安装在试验管左、右两侧的引管上),沿着环焊缝两侧对称安装。7个安装在环焊缝(受拉侧)上(从上至下采集通道分别为13~19),用于测量钢管母材及环焊缝的轴向拉伸应变。布置2个应变片(沿着环焊缝两侧对称安装,从左至右采集通道分别为20、21)用于测量钢管环向应变。

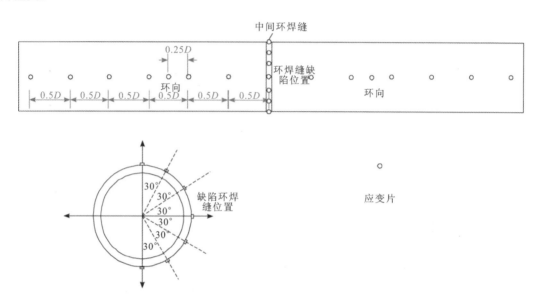

图4.19 全尺寸弯曲试验应变片安装示意图(钢管受拉侧)

D. 试验过程

试验准备工作结束后,对试验现场开始清理,随后进行试验,整个试验流程包括钢管注水试压、油缸预热、采集数据检查、试验钢管升压、弯曲加载、数据保存等步骤。当水压升至6MPa时,对所有通道的数据进行保存后清零。推动油缸,开始进行弯曲试验,利用位移控制的方式逐渐对试验钢管进行加载。其中油缸前6步每步的位移设定为50mm,后边20步每步的位移设定为20mm,设定油缸总位移为700mm。此外,当设定位移为340mm时,管道内压升至10MPa执行每步加载后保持油缸载荷,逐步加载至试验管失效(出现泄漏、载荷下降或其他情况)。试验结束后,保存所有采集数据(位移、载荷、水压、应变、影像等),随后卸掉油缸压力,关闭水增压系统,关闭所有电源,完成试验。

3) 数据处理

A. 载荷位移曲线

载荷位移曲线为试验中施加的载荷值与特定位置(力臂或钢管末端)位移之间的关系。

B. 临界屈服应变

可按照图4.20定义临界屈服应变,即达到最大载荷时,实验钢管弯曲内弧面上最大应变位置2倍外径长度范围内的压缩应变平均值。

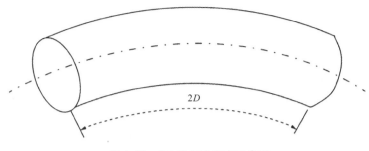

图 4.20 2D 长度平应变示意图

4.3.2 大尺寸表征技术

1. 宽板拉伸

随着油气输送压力要求的不断提高,管线钢向着更高强度的方向发展,管道环焊缝的受力情况也日趋苛刻。在施工过程中,焊接接头往往会发生组织性能的劣化并存在各种缺陷,致使焊缝处出现应力集中,容易引起裂纹的失稳扩展,导致安全事故正确评估焊缝中的各种缺陷,能够防止裂纹扩展,确保管道运行安全,同时可有效降低焊缝返修率,降低施工成本,提高施工效率(董绍华和饶静,2018)。

宽板拉伸试验方法是管道环焊缝缺陷评估的重要手段。与常规环焊缝缺陷评估方法相比,宽板拉伸试验具有其独特的优越性。断裂韧性随着试件约束水平的增加而降低,常用的钢材断裂性能测试试件(SENB 和 CT 试件),裂纹尖端会产生较高的约束,这与管道现场缺陷情况存在很大的差别。宽板拉伸试验测试材料尺寸大,焊缝缺陷约束更接近于真实管道情况,测得的断裂韧性值更接近于管道的真实水平。因而,近年来宽板拉伸试验被越来越多地应用于管线钢管环焊缝评估和应变设计中(陈裕川,2019)。

1)试验材料

宽板试样为横向高钢级管线钢宽板的全熔透焊缝处减宽段,在焊缝中心或紧邻焊缝边缘有一个预制缺口。宽板试样的最重要尺寸为减宽段截面的宽度和长度,以确保轴向应变位于缺口的两侧位置,试样减宽段的宽度应根据试验机的最大吨位、试样端部宽度的要求和预制缺口的长度进行确定。预制缺口的长度不能超过减宽段宽度的 1/5,以减少有限宽度效应对试验结果的影响。环焊缝应在焊接板长的中心位置,两侧减宽段的长度应为 2.25W(W 为试样减宽段的宽度值),两端部的宽度和长度分别为 1.25W 和 1.00W。端部与减宽段之间应用平滑、连续的过渡圆弧进行过渡,过渡圆弧半径不小于 0.30W。

宽板试样尺寸要求为:试样减宽区的加工面应该与焊缝方向垂直,偏差在±2°之内;减宽段两边缘的直线度偏差应在±1.0mm 之间;平行度偏差应在±0.5mm 之间;长度方向上试样宽度的波动范围应小于 3mm 或者小于 1%的板宽。宽板拉伸试样减宽段的宽度为 700mm,减宽段的长度为 3150mm,夹持段的长度为 350mm。拉伸试样形貌及尺寸确定如图 4.21 所示。

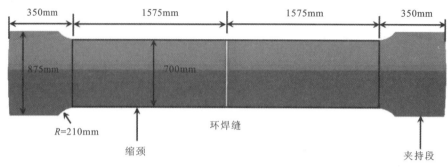

图 4.21　宽板拉伸试样尺寸标准

2）宽板拉伸试验系统

要完成宽板拉伸试验，需要进行硬件系统和软件系统的搭建。其中硬件系统包括传感器系统和数据采集处理系统。

传感器系统包括以下几个部分。

(1) 用于测试缺口的裂纹张开位移的 CMOD 传感器，如图 4.22 所示。

(2) 测试远端应变的短量程 LVDT 传感器，用于测量宽板拉伸试样的整体变形，如图 4.23 所示。

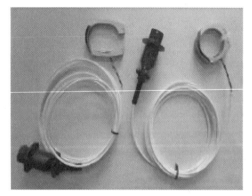 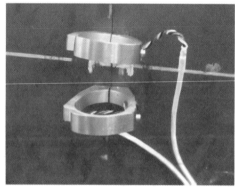

图 4.22　CMOD 传感器及安装

图 4.23　LVDT 传感器

(3)测试宽板试件不同位置应变值的应变片。通过黏接剂把应变片紧贴在被测试样上,使应变片随被测试样的变形一起伸长或缩短,这样里面的金属感应器长度就随之变化。应变片中的金属在长度发生变化时其电阻率会随之改变,应变片通过这种原理,利用金属电阻的变化达到测量应变的目的,如图 4.24 所示。

(4)低温环境试验时,测试环境温度的温度传感器,如图 4.25 所示。

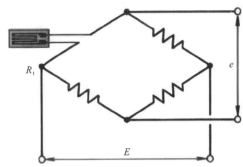

图 4.24　应变片形貌及工作原理

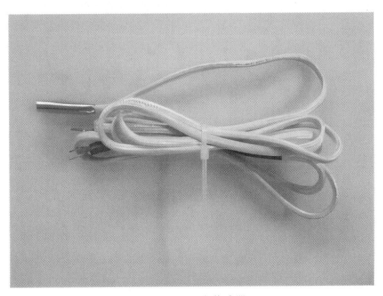

图 4.25　温度传感器

数据采集处理系统包括动态应变分析仪、A/D 采集卡。

软件系统为宽板拉伸试验机软件系统。

3)试验方法

首先进行缺口的制备。缺口加工有两种方法,一种是机械切割法,另一种是电火花加工法。若采取电火花加工方法,则需在试样背面的根焊缝处,采用直径为 0.4mm 的电阻丝加工出深度为 2.5mm 的缺口,缺口形貌如图 4.26 所示。

图 4.26 预制缺口形貌

试验前测量宽板试样和缺口尺寸,同时记录试验环境条件,再参照《油气输送管特殊性能试验方法 第1部分:宽板拉伸试验》(SY/T 7318.1—2016)在位移控制模式下以恒定速率进行拉伸试验。当宽板拉伸试样断裂、裂纹贯穿壁厚或载荷开始减小至95%最大载荷时,停止试验。启动拉伸试验机以慢速均匀加载,注意观察数据监控系统显示的拉力值、数据记录情况及试样在拉伸过程中的变化情况。

4)数据处理

宽板拉伸试验过程中应进行周期性的加载和卸载。这种加载/卸载循环可以对裂纹的柔度($\Delta v/\Delta p$)进行测量,其中 Δv 为裂纹瞬时张开位移量,Δp 为试件单位面积瞬时受力变化情况。柔度($\Delta v/\Delta p$)是衡量瞬时裂纹扩展深度的关键参数。图 4.27 为某次宽板拉伸试验过程中测量的应力-应变曲线及裂纹张开位移(CMOD)曲线。宽板拉伸试验结束后,需要对裂纹进行截面金相分析和断面扫描电镜分析,进而确定裂纹在试验过程中的扩展情况。

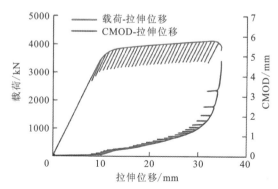

图 4.27 宽板拉伸试验应力-应变曲线及裂纹张开位移曲线

2. 全壁厚拉伸

1)试样制备

选取试样时应从焊接接头垂直于焊缝轴线方向截取,试样加工完成后,焊缝的轴线应位于试样平行长度部分的中间位置。在取样时钢厚度超过 8mm 时,不应采用剪切方法。当采用热切割或影响切割面性能的其他切割方法从焊接试板或试件上截取试样时,应确保所有切割面距离试样最终平行长度部分的表面至少 8mm。对平行于焊接试板或试件的原始表面的切割,不应采用热切割方法。试样尺寸如图 4.28 和图 4.29 所示。

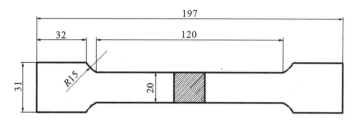

图 4.28 全壁厚拉伸试样尺寸示意图

图 4.29 喷散斑后全壁厚拉伸试样实物图

通常试样厚度 t 应与焊接接头处母材的厚度相等,见图 4.30(a)。当试样厚度超过 30mm,且相关应用标准要求进行全厚度试验时,可从焊接接头截取若干试样覆盖整个厚度,见图 4.30(b)。在这种情况下,试样相对焊接接头厚度的位置应做记录。

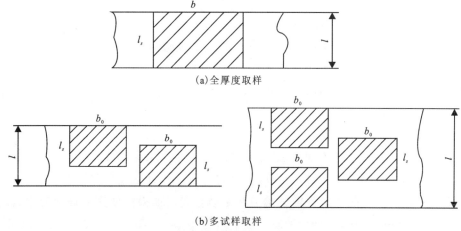

图 4.30 取样位置

试样尺寸方面,对于板材试样和管材试样,其厚度沿着平行长度部分(L_c)应均衡一致,其形状和尺寸应符合表 4.18 及图 4.31 的规定。对于从管接头截取的试样,可能需校平夹持端。然而,这种校平及可能产生的厚度变化不应波及平行长度 L_c。

表 4.18 板材和管材试样的尺寸

名称		符号	尺寸
试样总长度		L_t	适用于所使用的试验机
夹持端宽度		b	$b_0 + 12$
平行长度部分的宽度	板材	b_0	12($t,\leqslant 2$) 25($t,>2$)
	管材	b	6($D\leqslant 50$) 12($50<D\leqslant 168$) 25($D>168$)
平行长度		L_c	$\geqslant L_s+60$
过渡弧半径		r	$\geqslant 25$
对于电阻焊、压焊及高能束焊接头[按照《焊接及相关工艺方法代号》(GB/T 5185—2005),其工艺方法代号为 2、4 和 5],$L_s=0$ 对于其他某些金属材料(例如铝、铜及其合金),可要求 $L_c\geqslant L_s+100$			

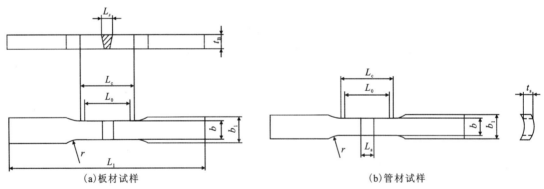

(a)板材试样 (b)管材试样

图 4.31 板材试样和管材试样

试样加工时应采用机械加工或磨削,并采取适当的预防措施避免在试样表面产生应变硬化或过热。试样表面应没有垂直于试样平行长度(L_c)方向的划痕或切痕。除非相关应用标准另有要求,咬边不应去除,超出试样表面的焊缝金属应通过机械加工除去,对于有熔透焊道的管段试样应保留管内焊缝。

2)试验要求

试验时首先对试样以连续渐进方式施加试验力。通常,按《金属材料 拉伸试验 第 1 部分:室温试验方法》(GB/T 228.1—2021)、《金属材料 拉伸试验 第 2 部分:高温试验方法》(GB/T 228.2—2015)的规定测定试验力和断裂位置。如果需使用引伸计测定其他性能时,宜根据试验目的仔细确认引伸计的安装位置。

3)试验结果

应按 GB/T 228.1—2021、GB/T 228.2—2015 的规定测定试验结果,记录和报告断裂位置,是否断在焊缝或母材处。必要时,焊缝位置可通过宏观侵蚀试样侧面确定。试样断裂后,应目视检验断口表面,断口上对试验可能产生不利影响的任何缺欠都应记录在报告中,记录内容包括缺欠类型、尺寸和数量。如果出现白点,应予以记录,并仅将白点的中心区域视为缺欠。

3. 落锤撕裂

管道输送是长距离输送石油天然气的重要运输方式。制造管道用的管线钢在力学性能方面,应当具有高强度、高韧性和优良的抗撕裂能力。为保证管道在运行中的安全可靠性,管线钢必须具有足够低的脆性转变温度,而夏比冲击试验和落锤撕裂试验(drop weight tear test,DWTT)结果均可以表征材料的韧性,可以用于管线钢低温韧性的研究。夏比冲击试验在试验过程中呈现出显著的尺寸效应,"V"形缺口根部的三轴应力状态抑制了低温脆性裂纹的萌生,且韧带宽度较窄(8mm),不能为裂纹的稳态扩展提供足够的距离,冲击能量主要被试样的启裂所消耗,不能反映钢管服役过程中韧性止裂的力学行为;落锤撕裂试验一般采用全壁度大尺寸样品,通过表征韧脆撕裂面积和其韧带宽度,可以更加全面反映管线钢的韧性和抗撕裂性能,被广泛用于对管线钢的断裂性能进行控制和预测。

1)落锤撕裂试验

20世纪60年代,美国巴特尔纪念研究院(BMD)将美国海军研究所(NRL)的落锤试样进行修正,在剖开压平的管道上取 $t \times 75mm \times 300mm$ 的全厚度试样,以刀具压制出深5mm的缺口,形成目前各国通用的落锤撕裂试样。落锤撕裂试验作为一种实验室工程试验方法具有很多独特的优点,其试样断口与管道破坏时的断裂外观相当一致。

落锤撕裂试验的主要特点是:按试样断裂形貌确定的转变温度与管道或筒形压力容器断裂扩展的转变温度在同一范围内;在转变温度范围内,试样断口外观与管道、压力容器破坏时的一样,均呈现从剪切到解理的急剧转变;试验的成本低,方法简便易行,且对试样加工精度不敏感,适于作为产品质量控制试验;试验结果具有厚度效应,并与全尺寸管道、压力容器断裂扩展的厚度效应一致。

2)试验材料

在钢板上取样时,取样部位和方向参照《钢及钢产品力学性能试验取样位置及试样制备》(GB/T 2975—2018)执行,样坯应取自其他力学性能试样的附近。在钢管上取样时,按有关标准或协议规定,如无规定时,按图 4.32 所示取样。

在钢管上取样时,可用全压平或不全压平试样。通常,当 $D/t \geqslant 40$ 时,使用全压平试样;当 $D/t < 40$ 时,使用不全压平试样,在试样中部 25~51mm 长的部位保留钢管的原始曲率。如压平时样坯发生扭曲,则应舍弃该样坯,重新取样;如全压平试样和不全压平试样的试验结果有明显差异,或仲裁试验,由于试样全压平会导致断裂剪切面积百分数减小,因此采用不全压平试样;但无论采用何种方法从钢板或钢管上切取试样,应通过机械加工去除剪切变形区或热影响区,在试验过程中一般取2个试样得到其平均值。试样尺寸及公差见图 4.33。

缺口几何形状是取样时至关重要的环节,可采用压制缺口或"人"字形缺口。低韧性管线

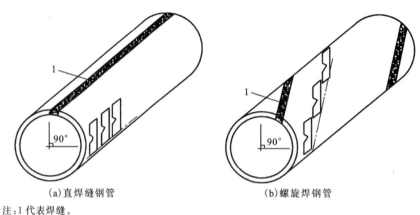

(a)直焊缝钢管　　　　　　　　(b)螺旋焊钢管

注:1代表焊缝。

图4.32　在钢管上取样部位示意图

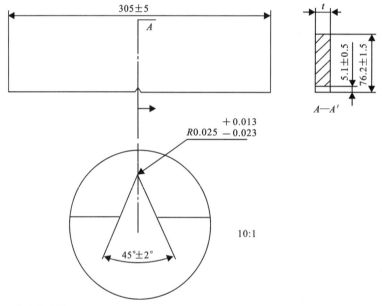

注:A代表截面线。

图4.33　压制缺口试样(单位:mm)

钢与其他钢材应选用压制缺口,高韧性管线钢优先选用"人"字形缺口。"人"字形缺口可降低DWTT吸收能量,在一定程度上减小高韧性管线钢经常发生的异常断口的概率。压制缺口是用刃口角度为45°±2°的特制钢压刀在试样上压制出图所示的"V"形缺口,压制缺口前应对压刀刀刃及角度进行检查,刀刃不应有缺陷,压入深度应符合图4.34所示的公差范围;"人"字形缺口可以用线切割或锯切成图4.33所示的形状,缺口底部半径没有要求(缺口底部可呈圆形或平底)。

如钢板的厚度或钢管的壁厚不大于19.0mm,应用原板厚或原壁厚试样。如厚度或壁厚大于19.0mm,可采用原板厚原壁厚试样或减薄试样,即可对试样的一个或两个表面进行机械加工,将试样厚度减薄至19.0mm±0.12mm。若采用减薄试样,则实际的试验温度应低于规定试验温度,其降低量如表4.19所示。

4 高钢级管道环焊接头的力学性能表证技术

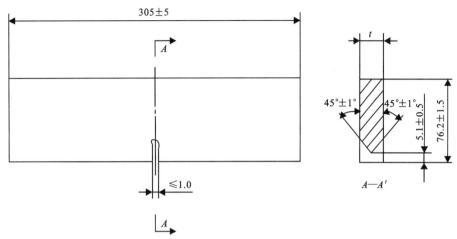

注：A 代表截面线。

图 4.34 "人"字形缺口试样（单位：mm）

表 4.19 试验温度降低量

钢板厚度或钢管壁厚度/mm	实验温度降低量/℃
＞19.0～22.2	6
＞22.2～28.6	11
＞28.6～40.0	17

3）试验设备及仪器

试验机可为摆锤式或落锤式。为了保证将试样一次冲断，试验机应具有足够的能量。试验机冲击能量选用可参照夏比"V"形缺口标准冲击试样冲击总吸收能量与部分压制缺口 DWTT 以及"人"字形缺口 DWTT 吸收能量之间近似关系曲线（图 4.35、图 4.36）。

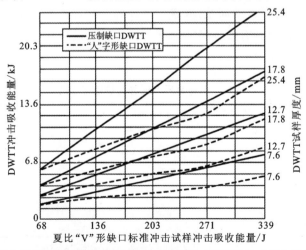

图 4.35 夏比"V"形缺口标准冲击试样吸收能量与 DWTT 冲击吸收能量近似关系

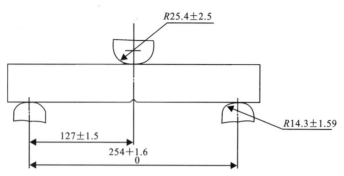

图 4.36 DWTT 试样支承装置及锤刃尺寸(单位:mm)

4)试验步骤

首先选择试验温度,试样的加热与冷却有以下两种方式。

(1)液体介质:在-75℃~+100℃的温度范围内,应将试样完全浸入装有适宜液体的保温装置内,试样之间的间距和试样距保温装置边缘或底部的距离应至少为 25mm 或至少等于试样厚度,取数值较大者。液体温度应在试验目标温度±1℃以内。试样在试验温度中的最短保温时间在表 4.20 中给出。为保证温度均匀,应使保温装置内的液体保持连续流动。

表 4.20 液体介质时试样的最短保温时间

试样厚度 t/mm	最短保温时间/min
$t<12.7$	15
12.7~<25.4	25
25.4~<38.1	45
38.1~40	48

(2)气体介质:将试样置于密闭的容器内,试样之间和试样与容器壁(底部和侧壁)之间至少应有 50mm 或两倍试样厚度的间距,取较大者。容器内应采取措施,使气体介质循环流动以保证温度均匀,容器内所有有效空间的温度与试验目标温度相差±1℃以内。最短的保温时间应按照表 4.21 的规定。

表 4.21 气体介质时试样的最短保温时间

试样厚度 t/mm	最短保温时间/min	
	强制对流	自然对流
$t<12.7$	80	140
12.7~<25.4	120	230
>25.4~<38.1	150	310

从保温装置中取出试样装入试验机并迅速打断。安装试样时,应采取适当措施使试样缺口中心线与支座跨距中心一致,允许偏差±1.5mm,并应使试样缺口中心线与锤刃中心线一致,允许偏差±1.5mm。试样自离开保温装置至打断的时间不应超过10s,若超过10s仍未冲击,则应将试样放回保温装置中至少再保温10min,不准许用与试验温度有明显差异的器械接触试样中心部分。

5)试验结果评定

DWTT试验结果包括评定断口的剪切面积百分数($S_A\%$)或同时测定DWTT试样总吸收能量(Et)、裂纹启裂能量(Ei)与裂纹扩展能量(Ep)。

A.评定剪切面积百分数($S_A\%$)

DWTT试样断口形貌(图4.37)通常有两种,一种是试样断口横截面上全部为韧性断裂区或脆性断裂区,另一种是从缺口根部开始呈现脆性断裂区,从缺口根部至锤击侧由脆性断裂转变为韧性断裂。

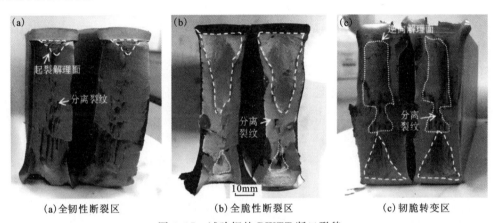

(a)全韧性断裂区　　(b)全脆性断裂区　　(c)韧脆转变区

图4.37 试验钢的DWTT断口形貌

试样断口的评定是测量评判区域上剪切面积百分数($S_A\%$)。厚度$t\leqslant19.0$mm的试样按图4.38所示确定断口的评判区域,即在试样横截面上从压制缺口根部或"人"字形缺口的尖端起扣除一个试样厚度并从锤击侧扣除一个试样厚度后的截面;厚度$t>19.0$mm的试样,评判区域是在试样横截面上从压制缺口根部或"人"字形缺口的尖端起和从锤击侧各扣除19.0mm后的截面。

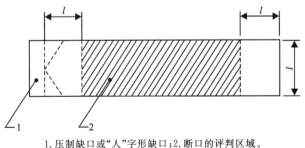

1.压制缺口或"人"字形缺口;2.断口的评判区域。

图4.38 断口的评判区域

在断口的评判区域内,按定义确定韧性断裂区和脆性断裂区。试样如出现如图4.39所示的断口形貌,应将评判区域上出现韧性断裂和脆性断裂相间区域中的韧性断裂部分也作为脆性断裂处理。

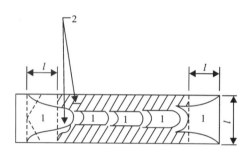

1.脆性断裂区;2.评定 SA% 时只包括断口边缘部分的韧性断裂区。

图 4.39 韧性和脆性断裂区相间的断口形貌

对于高钢级管线钢断口分离面上脆性断裂区的处理和异常断口的评定,可采用以下方法计算剪切面积百分数。

(a)求积法:在附有标尺的断口照片或光学投影图上用求积仪测出脆性断裂区的面积,用评定断口的评判区域面积减去脆性断裂区面积,再除以评判区域面积,并用百分数表示。这种方法一般用于仲裁或有争议及用其他方法难以确定的情况。

(b)比对法:将击断的试样断口与一组和试样厚度相同且经过标定的断口照片或实物断口对比,得到剪切面积百分数。断口照片和实物断口的标定按求积法的规定进行。

(c)测量法:根据图4.40给出的3种典型的试样断口形貌,用下列方法确定剪切面积百分数。若断口形貌介于图4.40(a)、图4.40(b),测量"t"线之间脆性断裂区的宽度 A 和长度 B,厚度 $t<19.0$mm 的试样按式(4-5)计算剪切面积百分数,厚度 $t\geqslant 19.0$mm 的试样按式(4-4)计算剪切面积百分数。由式(4-5)与式(4-6)计算出的剪切面积百分数通常为 45%~100%。

$$S_A\% = (71-2t)t - 0.75AB \times 100/(71-2t)t \tag{4-5}$$

$$S_A\% = 33t - 0.75AB \times 100/33t \tag{4-6}$$

式中:$S_A\%$ 为剪切面积百分数;t 为试样厚度,mm;A 为缺口根部"t"线处脆性断裂区宽度,mm;B 为"t"线间脆性断裂区长度,mm。

对于不同厚度的试样,可预先制好 $S_A\%$ 与 A、B 关系曲线图,测量 A 和 B 的尺寸后,由 $S_A\%$ 与 A、B 关系曲线图确定剪切面积百分数。图 4.41 是 10mm 厚的试样 $S_A\%$ 与 A、B 关系曲线图实例。

若断口呈图4.40(c)形貌,则在两条"t"线处和两条"t"线之间的中点处测量脆性断裂区的宽度 A_1、A_2、A_3,按式(4-7)计算剪切面积百分数。

$$S_A\% = \{t-(A_1+A_2+A_3)/3\} \times 100/t \tag{4-7}$$

式中:$S_A\%$ 为剪切面积百分数;t 为试样厚度,mm;A_1 为缺口根部"t"线处脆性断裂区宽度,mm;A_2 为锤击侧"t"线处脆性断裂区宽度,mm;A_3 为两条"t"线之间的中点处"t"线处脆性断裂区宽度,mm。

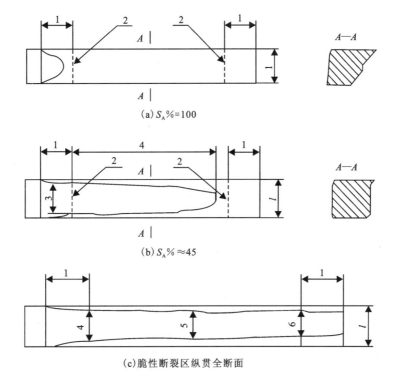

(a) $S_A\% = 100$

(b) $S_A\% \approx 45$

(c) 脆性断裂区纵贯全断面

1. t，即试样厚度；2. "t"线；A. 剖面线；4. A_1 宽度[见式(4-5)]；5. A_2 宽度[见式(4-5)]；6. A_3 宽度[见式(4-5)]。

图 4.40 典型的 DWTT 试样断口形貌

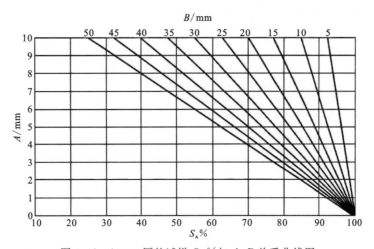

图 4.41 10mm 厚的试样 $S_A\%$ 与 A、B 关系曲线图

也可采用与上述3种方法等效的其他方法（如采用光学断口分析仪、机器视觉系统等）测定剪切面积百分数。

B. 评定试样总吸收能量 Et

由机械能守恒原理，采用摆锤式试验机时根据摆锤初始释放角与止摆角的位置，由指针或数显读出 Et，采用落锤式试验机时需测定试样冲击断裂前后的动能与势能变化量，计算获得 Et。在使用摆锤式试验机时，试验前应检查摆锤空打的回零差或空载能耗，总吸收能量 Et

宜为试验机实际势能的 20%～80%。

C. 评定裂纹启裂能量(Ei)与裂纹扩展能量(Ep)

可通过仪器化系统(示波系统)，记录 DWTT 试样冲击断裂过程中力-位移关系曲线，经积分获得 Ei 与 Ep。

4.3.3 常规尺寸表征技术

1. 小试样板拉伸

标准试样的类型及尺寸见图 4.42 及表 4.22。

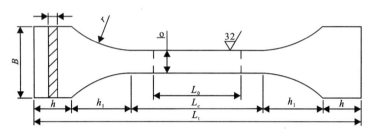

图 4.42 试样类型

表 4.22 试样尺寸

序号	厚度 a	宽度 b	过渡半径 r	原始标距 $L_0=KS_0$	平行长度 $L_c=L_0+2b$	总长度 $L_t=L_c+2h_1+2h$	B	h_1	h
1	0.7	20	≥20	21.14	61.14	190	30	≥13.23	50
2	0.75	20	≥20	21.88	61.88	190	30	≥13.23	50
3	0.8	20	≥20	22.60	62.60	190	30	≥13.23	50
4	0.85	20	≥20	23.30	63.30	190	30	≥13.23	50
5	0.9	20	≥20	23.97	63.97	190	30	≥13.23	50
6	0.95	20	≥20	24.63	64.63	190	30	≥13.23	50
7	1.0	20	≥20	25.27	65.27	190	30	≥13.23	50
8	1.2	20	≥20	27.68	67.68	190	30	≥13.23	50
9	1.5	20	≥20	30.95	70.95	190	30	≥13.23	50
10	2.0	20	≥20	35.73	75.73	190	30	≥13.23	50
11	2.25	20	≥20	37.90	77.90	190	30	≥13.23	50
12	2.5	20	≥20	37.95	79.95	190	30	≥13.23	50
13	3.0	20	≥20	43.76	59.25	190	30	≥13.23	50
14	4.0	20	≥20	54.00	68.43	190	30	≥13.23	50
15	6.0	20	≥20	61.89	83.80	190	30	≥13.23	50

1) 试样尺寸

对于厚度 0.1~3.0mm 的薄板和薄带:优先采用比例系数 $k=5.65$ 的比例试样,若比例标距小于 15mm,建议采用非比例试样,或按双方约定的 L_0 值;头部宽度应至少 20mm,但不超过 40mm;平行长度应不少于 $L_0+\dfrac{b}{2}$,若为仲裁试验,平行长度应为 L_0+2b,除非材料尺寸不足够;原始横截面积的测定应准确到 $\pm 2\%$;应用小标记、细划线或细黑线标记原始标距 (L_0),但不得用引起过早断裂的缺口做标记;机加工试样的尺寸公差和形状公差应符合表 4.23 要求。

表 4.23 标准试样的尺寸公差

试样标称宽度	尺寸公差	形状公差	
		一般试验	仲裁试验
10	±0.2	0.1	0.04
12.5			
15			
20	±0.5	0.2	0.05

$$\delta_u = \frac{L_u - L_0}{L_0} \times 100\% \tag{4-8}$$

$$\delta_k = \frac{L_k - L_0}{L_0} \times 100\% \tag{4-9}$$

式中:L_0 为试样原始标距长度,mm;L_u 为试样产生细颈时的标距长度,mm;L_k 为试样断裂时的标距长度,mm。

2) 绘制加工硬化曲线试验步骤和数据处理

将试样夹紧在试验机的夹头内,调整好测力刻度和载荷-伸长曲线记录装置。夹头的移动速度应在 0.5~20mm/min 范围内,并应保持加载速度恒定,记录产生屈服时的载荷 F_s 和最大载荷 F_{max},并根据载荷-伸长曲线,进行数据处理后,便可确定板材的 σ_s、σ_b、$\dfrac{\sigma_s}{\sigma_b}$、$\delta_u$、$\delta_k$。

(1) 确定板材 σ_s、σ_b、$\dfrac{\sigma_s}{\sigma_b}$、$\delta_u$、$\delta_k$。$\sigma_s$、$\sigma_b$ 及 $\dfrac{\sigma_s}{\sigma_b}$ 由式(4-10)确定:

$$\sigma_s = \frac{F_0}{A_0} \text{ 或 } \sigma_{0.2} = \frac{F_{0.2}}{A_0} \quad \sigma_b = \frac{F_{max}}{A_0} \tag{4-10}$$

式中:F_0 为屈服时的载荷,N;$F_{0.2}$ 为相对伸长为 0.2 时的载荷,N;F_{max} 为拉伸最大载荷,N;A_0 为试样原始横截面积,mm^2。

对试验得到的拉伸曲线(图 4.43)进行坐标变换:

横坐标变换为对数应变:

$$\epsilon = \ln \frac{L}{L_0} = \ln \frac{L_0 + \Delta L}{L_0} \tag{4-11}$$

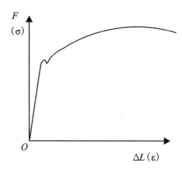

图 4.43 拉伸 $F\text{-}\Delta L(\sigma\text{-}\varepsilon)$ 曲线

纵坐标变换为真实应力:

$$S = \frac{F}{A} = \frac{F}{A_0}(1+\varepsilon) = \sigma_0(1+\varepsilon) \tag{4-12}$$

式中:$\in$ 为对数应变(真实应变);ε 为相对应变,$\varepsilon = \frac{\Delta L}{L_0}$;$\Delta L$ 为试样标距的伸长,mm;S 为真实应力,N/mm²;σ_0 为名义应力,N/mm²。

绘制方法如下:在拉伸曲线的横坐标取若干个 ΔL,再找到相应的载荷 F 值,根据式(4-11)和式(4-12)计算出相应的 S 和 $\in$ 值,即可绘制出加工硬化曲线(产生细颈前的均匀拉伸阶段)。

(2)求硬化指数 n 值。大多数金属材料的真实应力——真实应变关系为幂指数函数形式:

$$S = B \in^n \tag{4-13}$$

式中:S 为真实应力,N/mm²;$\in$ 为真实应变;B 与材料有关的系数,N/mm²;n 为应变硬化指数。

将式(4-13)两边取对数,有

$$\lg S = \lg B + \lg \in \tag{4-14}$$

根据硬化曲线,用线性回归方法便可计算其斜率,即 n 值。

(3)确定塑性应变比 γ 及凸耳参数 $\Delta \gamma$。塑性应变比 γ 亦称厚向异性指数,用板料单向拉伸试样的宽度应变和厚度应变的比值表示。

将试样夹紧在试验机的夹头内,当试样伸长到约 20%(注意:应在屈服之后,产生细颈之前)时停止加载,卸下试样。用千分尺测得试样变形后的宽度 b 及厚度 t。代入下式中便可求得 γ 值:

$$\gamma = \frac{\in_b}{\in_a} = \frac{\ln \frac{b}{b_0}}{\ln \frac{t}{t_0}} \tag{4-15}$$

式中:$\in_b$ 为试样的宽度应变,$\in_b = \ln \frac{b}{b_0}$;$\in_a$ 为试样的厚向应变,$\in_a = \ln \frac{t}{t_0}$;$b_0$、$t_0$ 为试样的原始宽度与厚度,mm;b、t 为变形后试样的宽度与厚度,mm。

由于在不同方向上有不同的 γ 值,一般按式(4-16)计算平均塑性应变比 γ:

$$\gamma = \frac{1}{4}(\gamma_0 + 2\gamma_{45} + \gamma_{90}) \tag{4-16}$$

凸耳参数又称塑性平面各向异性指数,表示板料平面内的塑性各向异性,用 $\Delta\gamma$ 表示,可按式(4-17)计算:

$$\Delta\gamma = \frac{1}{2}(\gamma_0 - \gamma_{90}) - \gamma_{45} \tag{4-17}$$

式(4-16)、式(4-17)中 0、45、90 表示在板表面内与轧制方向分别 0°、45°和 90°的试样。

式(4-15)中的 ϵ_t 根据体积不变条件,亦可由式(4-18)确定:

$$\epsilon_t = -(\epsilon_l + \epsilon_b) \tag{4-18}$$

式中:ϵ_l 为试样标距长度应变。

本试验中,测量试样的原始宽度 b_0 时允许测量偏差为±0.01 mm。以同样的方式和精度测量变形后的试样宽度 b_1 和标距长度 L_1。

若拉伸变形后,在宽度方向发生明显弯曲(图 4.44),当凸度 $h > 0.3$ mm 时,应按式(4-19)修正测得的宽度:

$$b_1 = (h + \frac{b'^2}{4h} - t_1)\arcsin\frac{4b'h}{b'^2 + 4h^2} \tag{4-19}$$

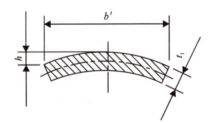

图 4.44 试样横向弯曲示意图

2. 圆棒拉伸

金属拉伸试棒的标准尺寸是由国际标准化组织(ISO)和美国材料和试验协会(ASTM)等机构制定的。这些标准规定了试棒的几何形状、尺寸和制造工艺等方面的要求,以确保不同试验室之间的测试结果具有可比性和可重复性。ISO 6892-1 和 ISO 6892-2 标准规定了两种金属拉伸试棒的尺寸:ISO 6892-1 适用于金属材料的静态拉伸试验,试棒的直径为5mm,长度为 50mm。ISO 6892-2 适用于金属材料的动态拉伸试验,试棒的直径为 8mm,长度为 50mm。这些尺寸是经过大量试验和统计分析得出的,可以满足大多数金属材料的测试需求(宋鸿印等,2019)。ASTM 标准也规定了多种金属拉伸试棒的尺寸,如 ASTM E8、ASTM A370 等。这些标准根据不同金属材料的特性和应用领域,制定了不同的试棒尺寸和形状。例如,ASTM E8 适用于金属材料的静态拉伸试验,试棒的直径为 12.7mm,长度为 50mm。ASTM A370 适用于钢材的拉伸试验,试棒的直径为 12.7mm,长度为 200mm。

拉伸试验按照《金属材料 拉伸试验 第1部分:室温试验方法》(GB/T 228.1—2021),设计全焊缝试验试件,试验温度为常温。将应变时效后的圆棒拉伸试样夹持到拉伸机上,然后启动拉伸机,预加少量载荷后清零,然后直接加载至试件拉断或试件破坏失去承载力,观察试样缓慢而均匀的加载过程,试样经过屈服阶段达到试样的抗拉强度后很快出现"缩颈"现象。测试试样应变时效后的屈服强度、抗拉强度、屈强比、屈服延伸率等拉伸力学性能指标,并根据拉伸过程中连续记录的力与伸长量绘制环焊缝应变时效后的应力-应变曲线。

拉伸试验是用来测试材料在静止状态承受荷重或受到缓慢增加负荷时的抵抗能力,将试杆的两端夹持于试验机之上下夹头中,加荷重于试杆,试杆会逐渐伸长。继续慢慢增加荷重,而把对应每一荷重的伸长记录下来,可得荷重-伸长曲线图,而伸长的比例即变形的比例称为工程应变;试片经拉伸后,以应力为 y 轴,应变为 x 轴,可以画出应力-应变曲线图[如图 4.45(a)、(b)],进而得知各材料的屈服强度、拉伸强度、伸长、收缩等。

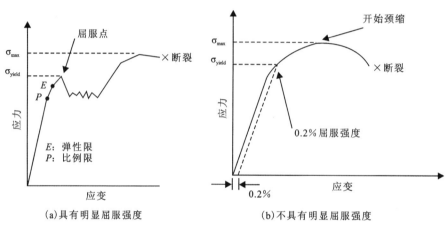

(a)具有明显屈服强度　　　　　　(b)不具有明显屈服强度

图 4.45　应力-应变曲线

3. 夏比冲击

夏比冲击试验是用来测量应变时效前后环焊缝的韧性,夏比冲击试验采用简支梁冲击,以摆锤冲击试样前后的能量差来计算出试样的冲击强度。夏比冲击试验根据标准《金属材料 夏比摆锤冲击试验方法》(GB/T 229—2020)进行。将预(图 4.46)应变后的板拉伸试样取环焊缝中心位置加工成 10mm×10mm×55mm 标准冲击试样,之后在不同温度及周期下进行时效后,进行冲击试验。由于冲击试验结果比较离散,每一种条件下选取 3 个试样进行冲击,取平均值作为冲击实验结果。韧性评价采用标准"V"形缺口冲击试样,缺口开在环焊缝中心位置,实验温度为-10℃,冷却介质采用酒精,用液氮作为冷却源,冷却时间 15min 以上,并对试样给予 1.5℃的过冷度作为补偿温度,避免室温下试样温度的快速回升影响实验测量的结果。

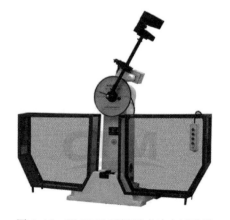

图 4.46　JB-500B 型摆锤式冲击试验机

1)试验原理

冲击试验利用的是能量守恒原理,即冲击试样消耗的能量是摆锤试验前后的势能差。试验时,把试样放在图 4.47 的 B 处,将摆锤举至高度为 H 的 A 处自由落下,冲断试样即可。

摆锤在 A 处所具有的势能为

$$E = GH = GL(1-\cos\alpha) \tag{4-20}$$

冲断试样后,摆锤在 C 处所具有的势能为

$$E_1 = Gh = GL(1-\cos\beta) \tag{4-21}$$

势能之差($E - E_1$),即为冲断试样所消耗的冲击功 A_k:

$$A_k = E - E_1 = GL(\cos\beta - \cos\alpha) \tag{4-22}$$

式中:G 为摆锤重力,N;L 为摆长(摆轴到摆锤重心的距离),mm;α 为冲断试样前摆锤扬起的最大角度;β 为冲断试样后摆锤扬起的最大角度。

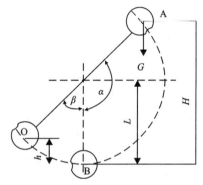

图 4.47 冲击试验示意图

2)夏比冲击试验的主要用途

(1)评价材料对大能量一次冲击载荷下破坏的缺口敏感性。零部件截面的急剧变化从广义上都可视作缺口,缺口造成应力应变集中,使材料的应力状态变硬,承受冲击能量的能力变差。由于不同材料对缺口的敏感程度不同,用拉伸试验中测定的强度和塑性指标往往不能评定材料对缺口是否敏感,因此,设计选材或研制新材料时,往往提出冲击韧性指标。

(2)检查和控制材料的冶金质量和热加工质量。通过测量冲击吸收功和对冲击试样进行断口分析,可揭示材料的夹渣、偏析、白点、裂纹和非金属夹杂物超标等冶金缺陷;检查过热、过烧、回火脆性等锻造、焊接、热处理等热加工缺陷。

(3)评定材料在高、低温条件下的韧脆转变特性。用系列冲击试验可测定材料的韧脆转变温度,供选材时参考,使材料不在冷脆状态下工作,保证安全。而高温冲击试验是用来评定材料在某些温度范围如蓝脆、重结晶等条件下的韧性特性。

按试验温度可分为高温、低温和常温冲击试验,按试样的缺口类型可分为"V"形和"U"形两种冲击试验。现行国家标准《金属夏比摆锤冲击试验方法》(GB/T 229—2020)将以上所涉及的试验方法统一合并在一个标准内,更加便于执行。

4. 维氏硬度

硬度是材料性能的一项非常重要的性能指标,也是生产过程中一种快速进行质量控制的重要手段。最常用的硬度试验方法有布氏硬度、洛氏硬度和维氏硬度,其中维氏硬度因其可测硬度范围最广,同时根据测试力值的不同可测工件、镀层、渗层甚至不同显微组织的硬度,尤其是对于尺寸较小的样品,可以通过镶嵌等方式,得到准确的测试结果,因此维氏硬度的应用范围最广。然而维氏硬度测试时,对试样的表面粗糙度要求较高,尤其是小力值的维氏硬度,需要表面进行抛光处理才能得到准确的测试结果。然而在试样制备过程中,想要获取非常平整的表面比较困难,试样经磨抛后,测试面与压头不会完全垂直,会存在一定的角度偏差,尤其是一些镀层、渗层等在试样表面时,磨抛更是会产生一定的倒角,导致测试面与压头存在一定的角度偏差。

1)测试面与压头的角度

维氏硬度测试为压入法,压头在一定的力值作用下,垂直压入待测样品的表面,样品表面产生塑性变形留下菱形的压痕。而当样品表面存在一定的倾斜角度时,菱形压头的 4 个角位承受的力不一致,造成了压痕形貌有所差别。

未倾斜的样品压痕周围的塑性变形较为均匀,而倾斜的样品,倾斜角度越大,测试后的塑性变形越严重。与压头接触的坡上部分压痕周围变形更严重,压痕的对角线较短,而坡下部分压痕周围变形较少,压痕的对角线较长。将测试后的样品放平后在显微镜下观察发现,压痕均有不同程度的挤出现象,导致对角线边缘附近有"拱起"现象,这一现象随着倾斜角度的增大而越明显,从而导致压坑越大,造成了对角线长度的增大,硬度测试值变小。

在维氏硬度测试时,测试面与压头的角度偏差会导致维氏硬度测试值偏低,且随角度的增大,偏差越大。为了得到更为准确的测试结果,应在制样时尽可能避免有明显的倾斜角度。同时,随倾斜角度的增大,压痕对角线的差值增大,倾斜角度为 1°~2°时,压痕差值满足国家标准要求,倾斜角度为 3°时,不能满足要求。

2)参数值

在进行维氏硬度试验时,应确保硬度值的准确性,做好相关参数的优化工作,分析试验力的误差原因,并深入研究这些因素对维氏硬度值的影响,以有效降低测量误差。

杠杆系统、主轴、工作轴和砝码重力经一定杠杆比放大形成的力等均属于试验力的组成部分,且还包括上述设施运动过程中受到的摩擦力。由此看出,维氏硬度试验力的误差主要来源于杠杆比、杠杆主轴、工作轴重力、摩擦力和砝码重力等几部分。在维氏硬度试验过程中,相关参数直接影响着试验力结果,为了减小误差,工作人员应在考虑维氏硬度试验原理的基础上,选择恰当的试验力数值,针对误差超值原因采取有效的解决措施,从而提升维氏硬度试验的准确性。

4.3.4 小尺寸表征技术

对于输送高压可燃介质的油气管道,环焊接头的性能对于管道可靠性至关重要。采用多种试验方法评价焊接接头性能作为保证管道可靠性的重要手段,可最大限度地保证焊接结构在服役条件下正常运行。对于环焊接头微区的性能表征,若采用上文常规尺寸或者是大尺寸表征技术进行试验,很大程度上无法取样或者是具体地表征出微区部分的力学性能。因此,管道环焊接头性能评价主要采用小尺寸试样进行试验。小尺寸试样试验可直接测量特定的性能,如拉伸试验、冲击试验等。以下将介绍一些常见的表征环焊接头的小尺寸性能表征技术。

1. 小尺寸试样拉伸试验

金属材料力学性能中常用的强度、塑性等指标,是判断购买材料合格与否的标准之一,是设计零件和结构的重要依据,是零件材料和毛坯材料选择和使用的指导性指标,也是金属加工过程中的重要控制性能指标。而小尺寸试样拉伸试验结果可表征环焊缝材料的整体性能。为研究环焊缝材料内不同层的力学性能差别,采用小拉伸试样进行拉伸试验(马秋荣等,2017)。

1) 试验过程

小尺寸试样拉伸试验采用我国《金属材料 拉伸试验 第 1 部分:室温试验方法》(GB/T 228.1—2021)标准。对于试样设备的选取,采用 GB/T 228.1—2021。试验机的测力系统应按照 GB/T 16825.1 进行校准,并且准确度应为 1 级或优于 1 级;引伸计的准确度级别应符合 GB/T 12160 要求;计算机控制拉伸试验机应满足 GB/T 22066 要求。本次小试样拉伸试验所制作的试样非标准试样,所以对应的选择拉伸设备需要匹配试样的大小,因此试验选用的为小试样拉伸试验机(图 4.48)。

图 4.48 小试样拉伸试验机

试样的制备使得小尺寸试样拉伸试验区别于常规拉伸试验,拉伸试样通常从产品、压制坯或铸件上切取加工而成,拉伸试样的形状和尺寸主要取决于被试验金属产品的形状和尺寸。拉伸试样的横截面可以为圆形、矩形、多边形、环形等,特殊情况下也可以为某些其他形状。对于表征环焊缝力学性能的小拉伸试样,要同时包括熔化区、热影响区和部分母材区域(图 4.49),垂直于环焊缝截取板状拉伸试样,试样尺寸及取样位置示例如图 4.50 所示,其中标距段的尺寸分别为长 10mm、宽 3mm、厚 1.5mm。

图 4.49　环焊缝拉伸试样取样示例

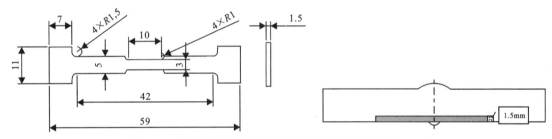

图 4.50　试样尺寸及取样位置具体示意图(示例,单位:mm)

在选择好合适的设备并且制备好试样之后,就可以进行拉伸试验。将试验预先打磨,拉伸试样夹持到拉伸机上,然后启动拉伸机,预加少量载荷后清零,然后直接加载至试件拉断或试件破坏失去承载力,观察试样缓慢而均匀的加载过程,试样经过屈服阶段达到试样的抗拉强度后很快出现"缩颈"现象。测试试样应变时效后的屈服强度、抗拉强度、屈强比、屈服延伸率等拉伸力学性能指标,并根据拉伸过程中连续记录的力与伸长量绘制环焊缝应变时效后的应力-应变曲线。

2)试验注意要点

在试验加载链装配完成后,试样两端被夹持之前,应设定力测量系统的零点。一旦设定了力值零点,在试验期间力的测量系统不再发生变化。一方面是为了确保夹持系统的重力在测力时得到补偿,另一方面是为了保证夹持过程中产生的力不影响力值的测定。

夹持时应确保试样受轴向拉力的作用,减少弯曲。应使用楔形夹头、螺纹夹头、平推夹头、环形夹具等夹具夹持试样。夹持方法对试验脆性材料或规定塑性延伸强度、规定总延伸强度、规定残余延伸强度或屈服强度的测定尤为重要。

3)结果分析

汇总试验数据,绘制应力-应变曲线(示例)如图 4.51 所示。环焊缝金属的小试样拉伸试验结果可以表征在环焊缝内部,不同区域的屈服强度、抗拉强度的大小,不同部位焊缝金属强度规律和整体焊缝金属强度与母材强度的比对。环焊缝金属的低强度会影响管道整体受载变形过程中的局部应力应变分布,而小试样技术可在高钢级管道环焊缝的断裂行为研究中发挥重要作用。

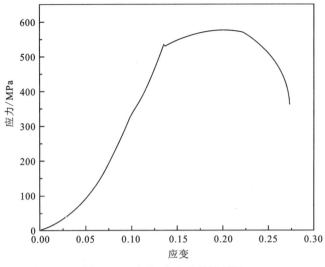

图 4.51 应力-应变曲线示例图

2. 小尺寸试样冲击试验

冲击试验是把要试验的材料制成规定形状和尺寸的试样,在冲击试验机上一次冲断,用冲击试样所消耗的功和断口形貌特点,经过整理得到规定定义的冲击性能指标。例如,冲击韧度、冲击吸收功,以及纤维断口所占断口面积的百分比等。冲击试验简单方便,是最容易获得的材料动态性能试验方法。采用焊接方式将管线钢制成焊管时,由于焊接快速热循环作用,焊缝和热影响区(HAZ)的强度和韧性等力学性能与母材相比都有很大不同,而且焊接 HAZ 是焊接接头的薄弱区域。通过小尺寸试样冲击试验,可以表征焊接接头微小断口的冲击韧性,比较 HAZ 各个分区的韧性大小。

1) 试验过程

小试样冲击试验选用的标准为《金属材料夏比摆锤冲击试验方法》(GB/T 229—2020)。对于常规夏比冲击试验,试验技术标准细节如表 4.24 所示。而小试样冲击试验同样适用于夏比冲击试验标准,只是试样的尺寸需要根据实际的材料尺寸进行采样。

表 4.24 夏比冲击试验方法标准技术细节

技术细节	GB/T 229—2020	ISO148-1:2016	JISZ 2242:2018	ASTME 23—2018
缺口形状	"V"形、"U"形、无缺口	"V"形、"U"形	"V"形、"U"形	"V"形、"U"形
冲击温度	室温(23±5)℃、高温或低温	室温(23±5)℃、高温或低温	室温(23±5)℃、高温或低温	室温(23±5)℃、高温或低温
规定温度公差	±2℃	±2℃	±2℃	±1℃

续表 4.24

技术细节	GB/T 229—2020	ISO148-1:2016	JISZ 2242:2018	ASTME 23—2018
测定参数	吸收能量、侧膨胀值、剪切断面率	吸收能量、侧膨胀值、剪切断面率	吸收能量、侧膨胀值、剪切断面率	吸收能量、侧膨胀值、剪切断面率
标准尺寸试样	55mm×10mm×10mm	55mm×10mm×10mm	55mm×10mm×10mm	55mm×10mm×10mm
摆锤锤刃半径	2.8mm	2.8mm	2.8mm	2.8mm
冲断时间	试样从高温或低温介质中移出至打断的时间应不大于5s;室温或仪器温度与试样温度之差小于25℃时,试样转移时间应小于10s	试样从高温或低温介质中移出至打断的时间应不大于5s;室温或仪器温度与试样温度之差小于25℃时,试样转移时间应小于10s	试样从高温或低温介质中移出至打断的时间应不大于5s;室温或仪器温度与试样温度之差小于25℃时,试样转移时间应小于10s	试样从温度调节槽中取出,如果在5s内不能进行试验。需将试样重新送回槽中

对于一般的夏比冲击试验,标准尺寸冲击试样 55mm×10mm×10mm,中间有"V"形或"U"形缺口。"V"形缺口应有 45°夹角,其深度为 2mm,底部曲率半径为 0.25mm。"U"形缺口深度一般应为 2mm 或 5mm,底部曲率半径为 1mm。

为了对环焊接头根部微区的冲击韧性进行表征,无法在环焊接头根部微区取得标准试样尺寸 10mm×10mm×55mm,于是沿内壁根焊处取得试样的厚度需小于 10mm。下图所示的为取样示例,可以取 2.5mm×10mm×55mm 的小试样作为非标准冲击试样(图 4.52 所示),取得试样的位置如图 4.53 所示,取得的试样为"V"形缺口试样,缺口角度为 45°。

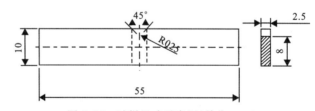

图 4.52 试样尺寸示意图(单位:mm)

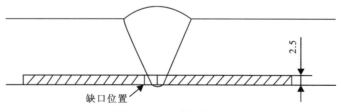

图 4.53 取样位置示意图

在试验前的准备工作结束后,开始正式的冲击试验过程。首先对试样进行前处理。需要在试验之前对摩擦损耗进行测定,以此来确保试验仪器处于一个较好的状态中。第二是缺口加工。清洗试样表面加工残留的油污和铁屑,风干后用笔在试样上标注缺口位置然后用手动拉床或者液压拉床进行缺口加工。第三是试样的升温或冷却。《金属材料夏比摆锤冲击试验方法》(GB/T 229—2020)中规定冲击试验应在(23±5)℃(室温)进行。最后是摆锤冲击。提升摆锤,在无试样的情况下进行一次落锤试验,检查摆锤运行是否流畅。摆锤复位后将表盘清零,然后将待冲击试样比对好放在载样台上,按"冲击"按钮进行落锤冲击试验,试样从介质中取出到冲断不应超过5s。一般每组试样测3次取平均值,该平均值即为此试样的冲击功。

2)试验结果处理和分析

对于试验结果的处理,当冲击试验完成后,需要对吸收能量、试样是否断裂、是否卡锤和试样标记处是否明显变形进行判断和处理。第一,对吸收能量的判断,GB/T 229—2020中规定吸收能量上限应不能超过满量程的80%。第二,当试样未完全断裂时,应在其他非材料验收试验报告中注明情况。若试验机能力不足且测定的吸收能量超出能力范围时,则不能报出吸收能量,且应注明吸收能量超出试验机能力上限。第三,试样卡锤的情况。试样发生卡在试验机里的情况时,试验结果无效,且需要检查是否造成影响其校准状态的损伤。这一处理在两种标准中是描述一致的。第四,试样标记处的检查。GB/T 229—2020中规定在断后试样的标记处,若发现明显变形,试验结果可能不代表材料的性能,并且应在试验报告中注明。

通过小试样冲击试验,测得根部小试样冲击不同部位的屈服强度、抗拉强度数据,对数据进行汇总分析。通过对比分析,可以得出焊接接头中焊缝中心、熔合线、热影响区的冲击韧性数据,绘制出HAZ各个区域的冲击韧性曲线(见图4.54)。若对不同焊材的焊接接头进行冲击试验,可以得出不同强度匹配根焊部位的冲击数据,可以总结出不同强度匹配根焊焊缝的强度和韧性规律。

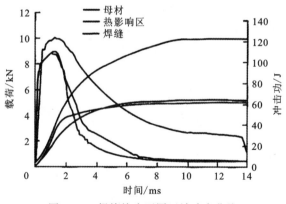

图4.54 焊接接头不同区域冲击曲线

对填充部分而言,根焊部位的冲击韧性也与填充部位有较大区别,通过试验数据分析,可以对比填充部位和根焊的冲击韧性要明显优于根焊部位,当环焊缝受到外部载荷冲击时,由于环焊缝性能差异,其失效断裂大多发源于根焊部位,从一定程度上解释了断裂失效管道裂纹大部分起源于根焊部位的原因,这大大提高了长输天然气管道在服役过程中环焊接头根焊位置因外部作用出现脆性开裂导致安全事故发生的风险。

3. 微剪切试验

焊接接头是一个比较狭窄的区域，而在这狭窄的区域内却存在组织的层状结构分布，这就导致了该区域内性能的梯度分布。在以往的焊接技术研究中，都粗略地将整个焊接接头作为同一组织来研究，一般采用常规的拉伸试验、弯曲试验和缺口冲击试验对焊接接头的力学性能进行定性评定。采用这种方法只能粗略判断出接头性能的强度指标，而对它的塑性指标却无能为力。为了定量评定焊接接头的强度指标和塑性指标，为焊接工艺参数的改进提供有力的数据，开展了微型剪切试验。

1）试验原理

抗剪强度（由 τb 表示），又称剪切强度，是材料剪断时产生的极限强度，反映材料抵抗剪切滑动的能力，在数值上等于剪切面上的切向应力值，即剪切面上形成的剪切力与破坏面积之比。剪切强度计算过程中试件的受力情况应模拟零件的真实情况进行，当剪切试验具有两个剪切面的情况时，称为双剪切试验。

常规的机械性能试验方法很难测试出接头软化区的具体状态，采用微型剪切试验能实现。试验加载过程中，剪切载荷信号通过载荷传感器，刀头剪切位移信号通过引伸计经动态应变仪放大后接入 x-y 函数记录仪中，这样函数记录仪可以在坐标纸上记录下如图4.55所示的剪切曲线（x. 刀头剪切位移 Δ，y. 剪切载荷 P），每一剪切进程可以得到一条剪切曲线，根据这些剪切曲线可以计算剪切位置所在区域的剪切强度、剪切屈服强度、剪切变形率、静剪切功，将各剪切进程的性能数据连起来，可以得到焊接结构不同区域材料的力学性能分布曲线。

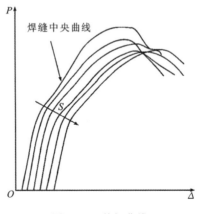

图 4.55 剪切曲线

2）试验过程

为了能准确地测定接头各组织区域内材料的机械性能，试件一般在垂直于焊缝的方向上取样，试件的长度要跨焊缝金属、热影响区、母材，微型剪切试验试件包含母材、焊缝、热影响区，试件取样如图4.56所示。

微剪切的实验过程：选择一段焊缝外形较规则的试板，垂直于焊缝加工出端面作宏观腐蚀，确定试件毛坯的位置。一般是用小型锯床（或手锯）加工成截面为 $3 \times 3 (\text{mm}^2)$、长度为 50mm 的方条,然后机械加工,最后用磨床加工为截面 1.5×1.5(mm²)的试件。在加工出 1.5mm×1.5mm×50mm 的试件后用 5% 的硝酸酒精腐蚀试件表面,以便找准熔合线的位置;测量焊缝、热影响区的宽度,使剪切点落在熔合线上,选择合适的剪切间距(0.6~2.0mm)在微型剪切试验机上进行剪切,并记录试验数据,通过 $x\text{-}y$ 记录仪绘制出剪切曲线,如图 4.57 所示。

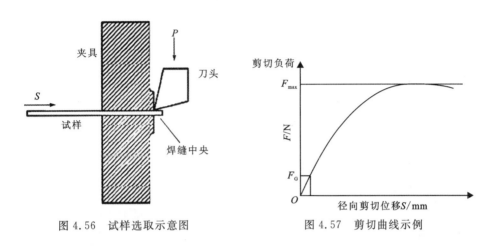

图 4.56 试样选取示意图　　图 4.57 剪切曲线示例

3)试验结果分析

从图 4.58 可以看出,试样在熔合线附近的剪切强度和剪切屈服强度最低,从焊缝中央到熔合线,剪切强度有上升趋势,在熔合线附近显著下降,热影响区域最低,母材区域的强度低于焊缝区域。通过微剪切试验,可以清晰地看出焊缝上不同微观区域的力学性能变化规律。

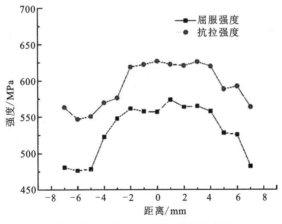

图 4.58 焊缝中心剪切强度分布图

4. 显微硬度测试

随着材料、器件微小型化的需求和精密、超精密加工技术的发展,微纳米尺度下的力学性能引起了人们极大的关注。目前,硬度是为数不多的几个能在微纳米尺度下直接测得的材料力学性能方面的指标。加之,硬度与材料的强度、塑性、耐磨性等物理性能间有着密不可分的联系(梁凯强,2024)。因而,显微硬度和纳米压痕硬度作为材料的多种力学特性的"显微探针",对微构件、涂层、薄膜、新型二维材料、组织和相分析等方面的设计与应用有着重要的作用。对于环焊接头的力学性能表征方面,显微硬度测试可以检测焊接接头各个区域的显微硬度的分布(HV)。

1)测试原理

一般硬度测试的基本原理是:在一定时间间隔里,施加一定比例的负荷,把一定形状的硬质压头压入所测材料表面,然后,测量压痕的深度或大小。习惯上把硬度试验分为两类:宏观硬度和显微硬度。宏观硬度是指采用 1Kgf(9.81N)以上负荷进行的硬度试验。显微硬度是指采用 1Kgf(9.81N)或小于 1Kgf(9.81N)负荷进行的硬度试验。显微硬度测试是用努氏金刚石角锥压头或维氏金刚石压头来测量材料表面的硬度。

2)试验过程

显微硬度试验采用自动显微硬度计。自动显微硬度计配备自动转换测试力机构和高清液晶触摸屏维氏硬度计。由软件设置完成后,从选择的测试负载、物镜到压头的转换、轴向运动、焦距调整、压痕硬度值的大小测量和计算等一系列的完全自动化的测试过程(凌人蛟,2017)。试验中使用的自动显微硬度计如图 4.59 所示,测试按照预定程序进行,包括测试点、压痕成型、压痕的观察和测量,并形成硬度数据和输出实验报告。自动显微硬度计型号及试验相关参数如表 4.25 所示。

图 4.59 自动显微硬度计

表 4.25 显微硬度计型号及实验参数

设备型号	载荷	保压时间	压头类型
FM-700/SVDM4R	50kg	10s	正四棱锥金刚石

3)试验数据分析

在各个功率下焊接接头横截面显微硬度分布示例图如图 4.60 所示。显微维氏硬度计打出的曲线从中央至边缘依次经过熔合区、热影响区和母材。通过显微硬度测试,可以明显分析出熔化区、热影响区和母材之间显微硬度的大小关系,从而分析出焊接接头根部微区的各个位置性能的变化。

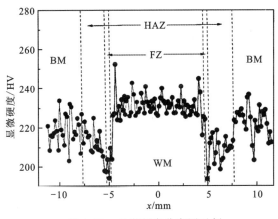

图 4.60 显微硬度分布图示例

5. 纳米硬度测试

随着微纳米级涂层制备技术的飞速发展,金属材料的涂层厚度逐渐向微纳米量级发展,传统的硬度和模量测量方法已无法满足需要。仪器化纳米压痕试验方法通过连续控制和记录样品上压头加卸载时的载荷和位移数据,并对这些数据进行分析得出材料的力学性能指标。因其更高的精确度和易操作性,仪器化纳米压痕试验逐渐成为纳米力学表征领域最重要的试验手段。

1)试验原理

这里主要讨论均质弹-塑性材料的显微硬度试验。在试验过程中,材料在压头压力作用下既产生弹性变形又产生塑性变形,弹-塑性材料的加载过程可以看成弹性变形和塑性变形的叠加。在加载过程中,纯弹性材料和纯塑性材料的载荷都与压头压深的平方成正比。因此,弹-塑性材料加载过程中的载荷 $P(\mu N)$ 与压头压深 $h(\mu m)$ 的平方成正比。这样,加载过程中的载荷与压深的关系是一条近似抛物线的曲线。在卸载过程中,产生塑性变形的部分将成为永久变形不再恢复,而弹性变形部分将会弹性恢复。这样,卸载过程中载荷与压深的关系也是一条近似抛物线的曲线。

由以上分析可知,深度硬度试验中载荷与压深的关系可以用如图 4.61 所示的曲线来表示。由图可知,卸载后材料的弹性恢复较大,残余压深为 h,但计算压痕面积时不能简单地用 h 来计算。这是因为当压头压入材料时,不仅压头正下方的材料而且压头周围的材料也将发生弹-塑性变形。卸载时,压头周围的材料也将发生弹性恢复,从而在压痕周围形成一个凸(或凹)肩。图 4.62 表示卸载后材料的弹性恢复情况。

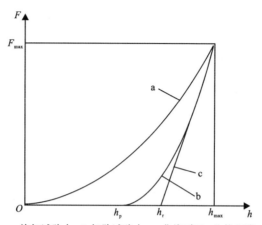

a.施加试验力;b.卸除试验力;c.曲线b在F_{max}处的切线。

图4.61 典型加载卸载 F-h 曲线

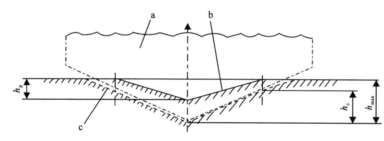

a.压头;b.试样残余压痕表面;c.最大压痕深度和试验力下试样的表面。

图4.62 纳米压痕示意图

通过应用一个连续尺度力学模型,可以从 F-h 曲线中得到被测材料硬度 H 和弹性模量 E,分别由式(4-23)~式(4-25)求出:

$$H = \frac{F_{max}}{A} \tag{4-23}$$

$$E_r = \frac{1-\nu^2}{E} + \frac{1-\nu_i^2}{E_i} \tag{4-24}$$

$$S = \frac{dF}{dH} = \frac{2}{\sqrt{\pi}} E_r \sqrt{A} \tag{4-25}$$

式中:F_{max}为最大压入载荷;A为压痕的投影面积;S为卸载曲线上端部的斜率;E_r为当量弹性模量;E为被测材料的弹性模量;ν为被测材料的泊松比;E_i为压头材料的弹性模量;ν_i为压头材料的泊松比。

2)试验过程

试验仪器选择纳米压痕仪。纳米压痕仪主要用于微纳米尺度薄膜材料的硬度与杨氏模量测试,测试结果通过力与压入深度的曲线计算得出,无须通过显微镜观察压痕面积,如图4.63所示。

纳米硬度仪的基本组成可以分为控制系统、移动线圈系统、加载系统及压头等几个部分。

图 4.63 纳米压痕仪

压头一般使用金刚石压头,分为三角锥或四棱锥等类型。试验时,首先输入初始参数,之后的检测过程则完全由微机自动控制,通过改变移动线圈系统中的电流,可以操纵加载系统和压头的动作,压头压入载荷的测量和控制通过应变仪来完成,同时应变仪还将信号反馈到移动线圈系统以实现闭环控制,从而按照输入参数的设置完成试验。

首先将试样放到纳米硬度仪上进行压痕试验,根据设置的最大载荷或者压痕深度的不同,试验时间从数十分钟到若干小时不等,中间过程不需人工干预,试验结束后,纳米硬度仪自动计算出试样的纳米硬度值和相关重要性能指标。

3)数据处理分析

采用纳米压痕技术对非均质的焊接接头各微区的力学性能分布(图 4.64),包括纳米硬度、弹性模量、强度和塑性流变指数等进行了分析,可以清晰看出母材与焊缝区域、粗晶热影响区和熔合边界线之间纳米硬度的大小比较。

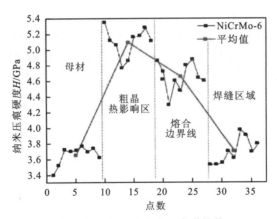

图 4.64 焊接接头微观力学性能

5 高钢级管道环焊接头的完整性评价

5.1 高钢级管道环焊缝完整性评价技术

管道是油气资源配送的最主要方式,具有输量大、成本低、损耗低等优势。然而,由于长距离输送管道的里程要求,焊接成为长距离油气管道输送的关键一环。焊接接头处的安全至关重要。管道的接头处若发生泄漏,可能会引发重大伤亡或造成环境污染的灾难性事故,后果十分严重。因此,对管道焊接接头处的安全管理尤为重要,在长期的管道安全管理实践中,逐渐形成了行业特有的安全管理体系和技术方法——管道完整性管理。这一套方法可以为焊接接头处的完整性管理提供参考。世界各国油气管道运营安全管理的经验证明,管道完整性管理是预防油气管道事故发生,实现事故提前预控的重要手段,也是管道运营企业必须实施的安全管理内容。

5.1.1 管道完整性管理技术

管道完整性管理(pipeline integrity management,PIM)定义为:管道企业根据不断变化的管道因素,对管道运营中面临的风险因素进行技术评价,制定相应的风险控制对策,不断改善识别到的不利影响因素,从而将管道运营的风险水平控制在合理的、可接受的范围内(雷铮强等,2022)。这其中,对焊接接头处的评价也是重要一环。管道完整性管理的过程是持续不断的改进过程,如图5.1所示。

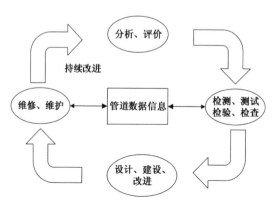

图5.1 管道完整性管理要素循环

5.1.2 管道完整性管理流程

管道完整性管理的第一步,是识别危害因素对管道的潜在影响,然后进行数据收集、检查和整合,接着对收集到的数据进行管道系统或管段的风险评估,风险评估过程能识别可能诱发管道事故的具体事件的位置或状况,了解事件发生的可能性和后果,风险评估的结果应包括管道可能发生的最大风险的性质和位置。在对管道进行风险评价的基础上,根据已经识别出的危险因素,选择完整性评价的方法,对管道安全状态进行全面评价(谢秋菊,2022)。根据完整性评价结果进行响应、维修和预防,然后在初步完整性评价的基础上持续改进,并对数据进行更新整合和检查,在规定的时间间隔内定期进行风险再评价,制定出有效的完整性管理方案。具体流程如图 5.2 所示。

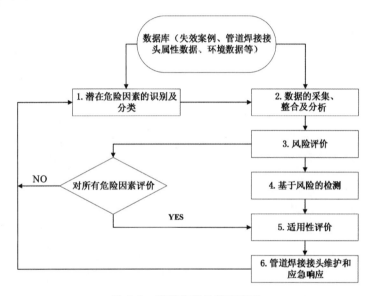

图 5.2 管道完整性管理流程

5.2 管道完整性检测技术

检测是完整性管理的重要一环,检测技术的水平如何,直接决定完整性评价结果的准确性。检测技术包括内检测、外检测、管材无损检测、壁厚测量、超声导波、磁应力检测、MTM 检测等多项检测内容。本节主要对管道内检测、外检测、超声导波、管材无损检测技术进行介绍。

5.2.1 管道内检测技术

管道内部检测是指检测仪器进入管道内部,从管道中穿过,沿途进行实时检测,记录测量结果,经处理后提供一整套数据用以描述管壁的状态(李亮等,2021)。这种检测手段获得数据准确,观察直观,对了解管道腐蚀状况、评估管道寿命和确定抑制腐蚀计划等都具有重要意义。管道内检测常用的技术为漏磁(MFL)技术。

腐蚀缺陷漏磁法检测是近年来在油气管道内检测中常用的一种有效方法。它通过测量被磁化的铁磁材料工件表面泄漏的磁场强度来判定工件缺陷的大小。其原理如图5.3所示。

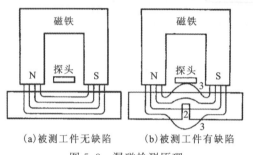

图5.3 漏磁检测原理

若被测工件表面光滑没有缺陷且内部无夹杂物,从原理上讲,磁通将全部通过被测工件见图5.3(a),若存在缺陷,会导致缺陷处及其附近的磁阻增加,从而使缺陷附近的磁场发生畸变,见图5.3(b),它们可以分为3个部分:①大部分磁通在工件内部绕过缺陷;②少部分磁通穿过缺陷;③还有部分磁通离开工件的上、下表面经过空气绕过缺陷。

管道内检测常用的检测器称为漏磁检测器,漏磁管道检测装置自带电源,随传输流体在管道中运行,在运行过程中由检测装置携带的励磁设备向管壁加载恒定磁场,而由传感器测量管壁内侧泄漏的磁通密度,测量数据经压缩后存放在检测装置的存储设备中。当检测装置经过缺陷或其他特征物(螺旋焊缝、连接焊缝、"T"形三通接口和阀门等)时,正如磁通检测原理所示,会有磁通泄漏出管壁而被传感器测得。测试系统工作完毕,将其从地下取出,对沿途测得的数据进行处理和分析,可以判定管道内的缺陷及腐蚀情况。为便于观察,可将管道内的漏磁信号绘成有色图,即用不同颜色表示不同的腐蚀深度,或用波形曲线来表示,都可以很直观地从图上查看缺陷及腐蚀程度。并能从里程的显示来判定缺陷及腐蚀所在的位置,作为检漏或评估管道寿命的依据。管道漏磁检测设备实物图如图5.4所示。为了保证可以顺利通过管道的弯头处,需要将漏磁检测装置分成几节,节间采用软连接,根据管道和设备的尺寸,一般将装置分为测量节、计算机节和电池节或测量节、能源和储存节,每节的前后都有橡皮碗支撑在管道内,节与节之间由万向节相连。整个系统靠油和气的推力向前行走,每一节均为密闭结构,可耐10~15MPa的压力。

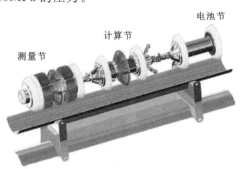

图5.4 管道漏磁检测设备实物图

管道内检测(ILI)技术是一种用来确定管道内部危险迹象的位置、初步描述危险迹象特征的完整性评价方法,内检测的有效性取决于所检测管段的状况和内检测器与检测要求的匹配。表5.1列举了不同管段状况匹配的内检测器及相应的应用情况。在实际检测中,可以根据需要检测的管道状态进行内检测器的选择。

运行管道内检测,需要考虑多方面的因素,如果考虑不周,轻则导致检测的数据精度降低,数据丢失或者设备损坏,重则可能检测器被堵在管道内部,严重影响管道生产运行。因此需要严格按照内检测相关流程进行管道内检测。管道内检测的主要流程包括作业准备、检测前清管、投运模拟器、投运内检测器、数据处理和检测报告、开挖验证。具体流程如图5.5所示。

表5.1 不同管段状况内检测器及相应的应用情况统计

管道状态	检测器类型	特点
内、外腐蚀危险的金属损失	一般分辨率漏磁检测器	对孔眼、裂纹等金相缺陷很敏感
	高分辨率漏磁检测器	对几何形状简单的缺陷精度更高
	超声直波检测器	对管子内壁堆积物和沉积物较敏感
	超声横波检测器	可以对缺陷尺寸进行测定
	横向漏磁检测器	对轴向排列的缺陷比较敏感
普通裂纹和应力腐蚀裂纹	超声横波检测器	可以对缺陷尺寸进行测定
	横向磁通检测器	对轴向排列的缺陷比较敏感
第三方损坏、机械破坏引起的金属损失和变形	变形内检测器	可以检测、定位和测量管壁几何形状异常

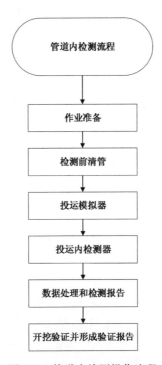

图5.5 管道内检测操作流程

1. 作业准备

检测前的作业准备是管道进行内检测的第一步，对后续作业流程的成功实施十分关键。在这一环节中，需要调查管道的基本情况、运行历史、已进行的清管和检测的情况、清管器收发装置等相关附件的情况，重点落实管道内检测器的适用性、可通过性，如果有必要还需要进行现场踏勘。

在作业准备阶段需要进行内检测器的选择和管道的调查，选择内检测器时应考虑内检测器的检测灵敏度、内检测器类别、内检测器缺陷尺寸检测精度、定位精度以及缺陷的评价要求；对管道的调查需要核对管道的特性参数，包括钢材等级、长度、直径、壁厚、高程剖面等，另外还包括节流装置、弯头、已知椭圆度、阀门、打开的三通、连接器和冷却环等资料。对不能满足管道检测标准的管道及管道附件进行改造或者更换。

2. 检测前清管

检测前的清管应该包括常规清管、测径清管和特殊清管 3 个作业部分。

常规清管是指使用通过能力大于或等于业主日常使用的清管器进行的清管。输油、输气管道的清管作业分别应符合《原油管道运行规范》(SY/T 5536—2016)，《天然气管道运行规范》(SY/T 5922—2012) 的规定，清管效果应符合所选择的检测器检测的要求。

测径清管是指使用带有测径板的清管器进行的清管作业。测径板的直径不应小于检测器的最小通过直径。若测径板发生损伤，应及时分析损伤原因。若通过分析确定损伤是由管道变形造成的，应确定变形位置。若无法定位变形点的准确位置，应实施管道几何变形检测。

特殊清管：测径清管完成后，应根据测径清管的结果和输送介质的特点选择适用的机械清管器进行特殊清管。

3. 投运模拟器

清管器应装有跟踪仪器，检测前最好采用磁力清管器清除管内的铁磁性杂质。清管完成后需要进行模拟器的作业，其作业规程与清管器作业规程相同。

4. 内检测器投运

投运内检测器包括内检测器的发送、跟踪和接收。在发射阶段，要确保内检测器已经调试运转正常；在检测阶段，要对内检测器进行跟踪和设标，以便发生突发状况时可以及时处理；最后的内检测器接收是要对内检测器进行检查和清洁，统计备份数据和检查检测数据。若检测器发出后记录仪没有数据或数据不完整，则分析原因，解决问题，再发送一次检测器。当出现信号丢失情况时，如果管线压力没有变化，说明检测器没有发生卡堵，设备仍在管道内运行。这时可以根据输气量进行计算，并结合信号丢失前检测器的运行速度，判断大致方位，在该方位下游寻找特殊点，通过仔细倾听，判断检测器是否通过。如果检测器顺利通过，再寻找下一个特殊点。直到检测器顺利进入清管器接收装置。如果管道压力发生变化，特殊点位置也听不到检测器通过的声音，说明检测器已经停止运行，则按以下方案处理。

(1)若检测器未能发出,认真进行各项检查,分析原因,解决问题之后,采取正确措施再次进行发送,直到发出为止。

(2)如果检测器因为管道变形而停止,在允许压力范围内提高压力,尝试通过变形点。若管线压力达到极限,检测器仍不能正常运行,则准备随时开孔封堵建立旁通线,在规定的时间内断管取出检测器。

(3)如果在直管段检测器停止且无管道变形,则可能是由杂质过多或管道内异物导致检测器停止,可分如下两种情况进行处理:①确认管道在停止点前方500m内没有穿跨越、水塘等不利于开挖地形的,可以尝试关闭停止点上游就近阀室,进行放空,致使检测器后退运行一段距离。检测器前方堆积的杂质或异物会随检测器的后退变得疏散松动,再恢复正常输气状态。反复尝试,使检测器通过停止点。若多次不成功,通知应急保驾组人员携带设备到达现场,准备随时开孔封堵建立旁通线,在规定的时间内断管取出检测器;②确认管道停止点前方500m内有穿跨越、水塘等不利于开挖地形的,应及时通知应急保驾组人员携带设备到达现场,准备随时开孔封堵建立旁通线,在规定的时间内断管取出检测器。

(4)如果检测器在河塘、穿越处憋压停止,经升压、创建大压差和反复推进检测器等手段均不能使检测器通过停止点,可尝试在停止点处创建反向输送气流,经检测器倒退至可封堵作业地段,并及时通知应急保驾组人员携带设备到达现场,准备随时开孔封堵建立旁通线,在规定的时间内断管取出检测器。

(5)若检测器由于杂质过多不能顺利进入接收装置,可倒回正常流程,打开接收装置清理杂质后,再恢复接收流程,等待检测器进入接收装置后取出检测器。

5. 数据处理和检测报告

这一部分主要包括数据检查、检测数据预处理和检测报告。

1)数据检查

检测器取出后,从检测器中下载并备份检测数据,检查数据是否完整,包括:①检测器各通道信号应清晰、完整;②地面标记数据应健全。若数据不完整,且影响检测结果有效性,应安排复检。

2)检测数据预处理

分别对几何检测数据和腐蚀检测数据进行预处理。预处理都应该在检测完成后在现场进行,现场报告应包含变形量超过外径5%的几何变形、金属损失大于管道公称壁厚的50%以上的金属损失点的相关信息。

3)检测报告

(1)几何检测报告。几何检测报告应至少包括检测器运行数据、几何变形特征列表、数据统计总结等。检测器运行数据至少应包括数据采样距离/频率、探头尺寸及环向间距、检测阈值、报告阈值、凹陷与椭圆度等检测精度及置信度、定位精度、全线检测器运行速度曲线。几何变形特征列表应包括凹陷、椭圆度、壁厚变化及造成管道内径变化的管道附件等。对变形点的描述至少应包括特征里程位置、特征名称、几何变形的变形量、管节的长度、距上游环焊缝的距离、距最近参考点的距离。

(2)金属损失检测报告。金属损失检测报告应包括检测器运行数据、焊缝记录、特征列表和数据统计总结等。检测器运行数据至少包括磁场方向、数据取样间距/频率、探头尺寸及环向间距、检测阈值、报告阈值、蚀坑的检测精度及置信度、普通金属损失的检测精度及置信度、缺陷的轴向和周向定位精度、管道权限的检测器运行速度。焊缝记录至少包括环焊缝的里程位置、管节长度、管节壁厚、距最近参考点的距离。特征列表至少包括特征的里程位置、特征类型、特征的尺寸、特征的环向位置、内/外部指示、距上游环焊缝的距离、上游环焊缝名称、距最近参考点距离、最近参考点名称。

6. 开挖验证

开挖验证的一般做法是,将对管道进行开挖后得到的结果与内检测器得到的结果进行对比,以确认实际的检测精度是否达到了内检测器的精度指标(石仁委,2020)。如果实际检测精度达到内检测器的精度指标,则检测结果具有较高的可信度;如果不符,则需要分析原因,采取相关措施。

应选择适当缺陷进行开挖验证、测绘。每个站间距验证点的数量宜为 2 个,全线的验证点不少于 5 个。将验证点的测量结果与检测结果进行比对,若事先没有具体约定,检测概率和置信度均不应低于 80%。

验证报告应包括:
(1)验证点的全面描述。
(2)验证点的现场实测结果。
(3)检测结果与实测结果之间的误差,应包括:①深度误差及置信度;②长度误差及置信度;③轴向定位误差及置信度;④周向定位误差(金属损失检测)及置信度。

5.2.2 管道外检测技术

外检测也称为直接评价方法。外检测评价方法都属于结构化的评价方法,即依赖一定的检测手段,来获得钢质管道本体、防腐层和阴极保护实际状态的相关资料。区别于内检测方式,外检测评价中的检测都是从管道的外面进行检测,管道的外检测技术也称直接评价方法,包括地面进行的非开挖检测,也包括开挖后对管道进行的检测(牛爱军等,2023)。管道的直接评价方法主要有外腐蚀直接评价方法、内腐蚀直接评价方法和应力腐蚀直接评价方法。下面将分别介绍 3 种直接评价技术的评价流程。

1. 管道外检测技术的外腐蚀直接评价

外腐蚀直接评价方法(external corrosion direct assessment,ECDA)是直接评价方法中较成熟的一种。ECDA 方法通过评价和减轻外壁腐蚀对管道完整性的危害,达到提高管道安全性的目的。外腐蚀直接评价方法由预评价、间接检查、直接检查、后评价 4 个步骤组成,如图 5.6 所示。

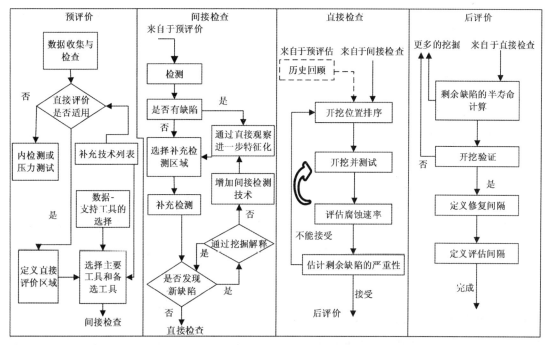

图 5.6 外腐蚀直接评价流程图

1）预评价

预评价是收集历史的及当前的数据，数据以容易得到的类型为主。其目的是确定 ECDA 是否可行、ECDA 分区和选择间接检查的方法。在该评价阶段中，评价人员需进行大量的数据收集、整合以及分析。所收集的数据应包括管道历史数据、当前数据及管道的物理信息，具体数据又可分为以下 5 类。

（1）管体相关数据：管道材质、直径、壁厚、管件生产日期、管道焊缝类型，以及是否为裸管等。

（2）管道施工相关数据：安装日期，管线改造，管线图，施工方式，阀，支撑和绝缘法兰等附属物的位置，套管的位置与施工方法，弯管的位置，附近有无其他管道、建筑物、高压线或跨越铁路等情况。

（3）管道沿线的土壤及环境数据：土壤特征与类型、土壤排水性能、地面地质状况、土地使用情况，以及是否为冻土层等。

（4）管道腐蚀控制相关数据：管道防腐层类型、管道连接头处补口防护层类型、防腐层状况、阴极保护类型、阴极保护评价标准、阴极保护维护历史、阴极保护测试点位置、有无杂散电流源及位置等。

（5）管道运行数据：工作温度、工作压力及波动情况，监控程序，管道开挖检测报告，管道维修历史记录，外腐蚀引起的管道泄漏历史，微生物腐蚀的情况，非外腐蚀引起管道破坏的类型及频率，以前采用过的其他管道完整性评价方法及结果等。

对于运行时间较长的管道，数据收集与整合是一件工作量非常大的工作，且有些数据会前后矛盾,有些数据模糊不清或根本找不到,还由于种种原因,有些数据还不是管道状况的真实反映,面对这种情况,数据整合与分析人员要有相当的知识和经验,并与了解管道真实情况的人员作直接的交流。

2)间接检查

间接检查是为了确定防腐层破损的严重程度、其他异常和确定腐蚀已经发生或可能发生的位置,一般利用至少2种可以功能互补的地面检测工具进行的非开挖检测。

在检测同一区段应该使用相同的检测工具,推荐的地面检测工具有密间隔法、电压梯度法、皮尔逊法、电磁法和交流电流衰减法。所有间接检测方法均有局限性,一种间接检查方法检出和评价的"严重"点,应采用另一种互补的间接检查法进行再检,加以验证。

间接检查阶段要求检测的结果可以进行比较,才能比较准确地确定异常的严重程度。由于检测技术的发展,检测精度现在一般不是问题,但在比较严重程度级别时,要注意以前的评价结果所依据的标准和现在的是否一致。如果有可能,直接比较原始数据最好,但要注意检测时环境的差异。例如,一般的检测记录中,天气及环境状况都应该记录,即使在相同位置,使用密间隔法和电压梯度法在干燥条件与雨后条件下检测的结果一定会有不小的差异,因此,在对比数据时就要考虑到这些差异性。现场检测时,同一区段的检测尽量不要间隔太长时间,特别是不要在检测期间有管道的改造施工及较大的土壤环境的变化。两种检测仪器检测时的环境也不应该有太大的变化,不然会导致检测数据难以比较。另外,在检测时要尽量多地参照地面长期性标志物,以确定能准确地对各检测点定位,并在对比分析检测结果时,要考虑到不同检测仪器检测结果记录中存在的位置误差,不然会给结果的分析带来较大困难。

3)直接检查

直接检查需要开挖管道,使管道外露,以便测量金属损失、估计腐蚀增长速率、确定间接检查时评价的腐蚀形态。开挖的目的是要收集足够的数据,以便确定管道上可能出现的腐蚀缺陷的特征,并验证间接检查方法的有效性。

直接检查中开挖点位置和数量需根据间接检查结果分析来选择,所得到的数据与间接检查得到的数据相结合,用于确定评价外部腐蚀对管道的影响。每次开挖时,应测定并记录土壤环境特性,如土壤电阻率、水文、排水等情况,可用这些数据估计腐蚀速率。平均腐蚀速率与土壤电阻率的关系见表5.2。当然,如果能提供可靠的技术依据,也可以使用其他腐蚀速率代替表5.2中的腐蚀速率。

表5.2 腐蚀速率与土壤电阻率的关系

腐蚀速率/(mm·a^{-1})	土壤电阻率
3	>15 000Ω·cm+无活性腐蚀
6	1000—150 000Ω·cm 和/或活性腐蚀
12	<100Ω·cm(最坏情况)

使用 ASME B31G 或其他类似的方法，确定开挖处防腐层缺陷区域所有腐蚀缺陷的适用性。对未检查防腐层缺陷的管段，如果无其他数据，则必须假设最大缺陷尺寸是直接检查时测得的最大缺陷深度和长度的两倍；或者，用直接检查时测得的腐蚀缺陷严重程度度的统计分析结果，估计其他防腐层缺陷处的缺陷严重程度，在这种情况下，必须开挖足够多的防腐层缺陷样本，保证能以 80% 的置信度对其余腐蚀缺陷进行统计评价。

要继续开挖、测定、分类和修补，直到所有具有较高腐蚀增长速率的其余缺陷在下一次完整性评价之前，不会发展成为对管道安全运行构成威胁的缺陷。

4）后评价

后评价主要是分析前述步骤所得的数据来验证 ECDA 方法的有效性，并确定下一次评价的间隔时间。

如果没有发现腐蚀缺陷，不需要进行剩余寿命计算，剩余寿命取作新管道一样的寿命；评价计算时，计划维修指示中的最大缺陷尺寸应看作和开挖点中指示的最严重缺陷尺寸相同；同时，需要合理估计腐蚀增长速率，可以使用实际速率或其他快速评价方法得到的数值，如缺少其他更精确估计剩余寿命的方法，可使用式(5-1)估计：

$$R = C \times S \times \frac{t}{G} \tag{5-1}$$

式中：R 为剩余寿命，a；C 为标定参数，取 0.85；S 为安全裕度，S＝失效压力比率/最大允许运行压力比率，失效压力比率＝计算失效压力/屈服压力，最大允许运行压力比率＝最大允许运行压力/屈服压力；t 为正常壁厚，mm；G 为增长率，mm/a。

这种方法是基于腐蚀持续发生并且缺陷为典型形状的假设，所估计的剩余寿命是偏于保守的。

直接检查中如发现腐蚀缺陷，每个 ECDA 区的最大再评价时间间隔应取计算剩余寿命的一半，特定条件下还可进一步限制。由于腐蚀增长速率不同，不同 ECDA 区可以有不同的再评价时间间隔，计划维修的任何缺陷都应在下一次再评价开始前进行处理。从安全性角度分析，在本次 ECDA 评价发现可能存在的所有缺陷中，最严重的缺陷应该已被立即维修予以消除，剩余的最大缺陷按正常腐蚀速率在再评价之前不足以发展成能对管道安全性构成威胁的严重缺陷。

通过后评价要获得管道的剩余使用寿命及再评价时间间隔。

外腐蚀直接评价可以得到管道外腐蚀的基本信息，包括阴极保护效果、防腐层状况等。应定期开展外腐蚀直接评价工作，一般建议新建管线在投产 5 年内实施外腐蚀直接评价，后续评价的时间应参考上一次评价结果，在 5 年内实施。

2. 管道外检测技术的内腐蚀直接评价

内腐蚀直接评价(internal corrosion direct assessment, ICDA)是一种评价输送干气但可能短期接触湿气或游离水（或其他电解液）的输气管道完整性的方法。通过检查电解质（如水）最易局部积聚的管道沿线的倾斜段，了解管道其他部分的情况。如果这些位置没有发生腐蚀，那么其下游管段积聚电解液的可能性就更小，或可以认为没有腐蚀，不需要检查这些下游管段。与发生在管道外表面的腐蚀相比，内壁腐蚀更难以检测，因为即使开挖了管道，也不一定能发现管道的内腐蚀。

内腐蚀最有可能出现在最易积水的地方。预测积水位置可以作为进行局部检查优先级排序的方法。在预计有电解液积聚之处要进行局部检测。对于大多数管道，估计需要进行开挖检查和进行超声波无损检测，以测定该处的剩余壁厚。某些情况下，最有效的方法是对部分管段进行内检测，并利用检测结果对下游清管器不能运行的管段进行内腐蚀评价。

内腐蚀直接评价包括预评价、开挖地点识别、局部检测和后评价等基本步骤。具体流程如图 5.7 所示。

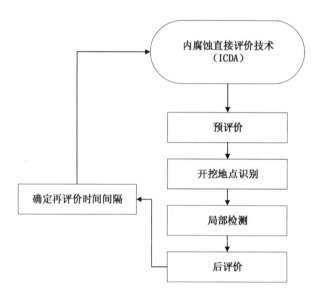

图 5.7　内腐蚀直接评价流程图

1）预评价

预评价阶段搜集历史数据和当前数据，确定 ICDA 是否可行，确定评价的区域和范围。搜集的数据类型包括建设记录、运行资料、高程和管道埋深数据等，以及其他地面检测、完整性评价和维护方面的历史记录。

ICDA 所要求的数据和信息包括但不限于下列内容：

(1) 所有的数据单元列于 ASME/ANSI B31.8S 的附录 A2.2 中。

(2) 识别管道沿线内腐蚀最可能发生的区域所必须使用的模型所需的信息，例如管道上所有的气体输入和排出点的位置，包括管段上所有凹陷、滴流器、斜面、阀门、管汇、盲管及圈闭等低位点的位置，管道垂直剖面轮廓线，要求足够详细，能计算出所有管段的倾斜角、管道直径和管道内气流速度的预期范围。

(3) 运营操作的经验数据，用于指示在气体条件下的历史扰动，这些扰动发生的方位以及这些扰动条件导致的潜在破坏。

(4)所评价的管段上清管器可能无法使用的或沉积电解液部位的信息。输气管道 ICDA 的可行性由一系列的管道特征要求所决定,进行 ICDA 是以满足这些要求为基础的。第一,要求输送的气体必须是干气;第二,ICDA 认为液态(游离)水是主要腐蚀源,另外电解液、乙二醇和湿气被认为是第二腐蚀源,其他腐蚀源不予考虑(如试压用水),但应考虑液态碳氢化合物的影响;第三,对于一段管道,关注它的输入条件和输出条件,在选取 ICDA 管段时,考虑的是针对任何长度内可能存在的电解液、流体特性,输入和输出条件的改变,温度和压力的改变是 ICDA 考虑的单独分段因素。

如果通过开展 ICDA 发现在全部管线上有重大的腐蚀,那么对于这样的输气管道,ICDA 是不合适的,应使用其他完整性评价技术,例如内检测或水压试验,来评价管道的完整性。

2) 开挖地点识别

内腐蚀损伤最有可能出现在水最先积聚的地方。预测积水位置是确定局部检查点的主要方法。根据多相流计算,可预测积水位置,多相流的计算又取决于包括高程变化数据在内的几个参数。ICDA 适用于新输入量或输出量改变环境之前的任何管段。只有在电解液存在时,才有可能腐蚀,腐蚀的存在又表明在该处有电解液。应当注意,没有腐蚀并不表明没有液体积聚。对于气流方向定期改变的管道,在预测水积聚的位置时,应考虑气流的方向。

3) 局部检测

局部检测作为内腐蚀直接评价的一部分,可以在 ICDA 区域内的每一管段上通过超声波测厚技术开展额外的开挖和检测工作,也可以使用其他评价方法对每一管段进行内腐蚀评价(董绍华等,2018)。例如,挂片或电子探针等腐蚀监测方法就可以应用于局部检测。

如果最易遭受腐蚀的位置被确定没有其他损伤,这就已经保证了大部分管道的完整性,那么,有限的资源应利用在管道最容易遭受腐蚀的地方。当然,如果发现腐蚀,潜在影响管道完整性的问题就可被识别出来,说明这种方法就是成功的。

当管道气流速度恒定时,第一个倾斜角比临界角大得多的位置代表的是水第一次积聚的位置,所有上游具有较低倾斜角的位置不会引起水的积聚,从而不可能发生腐蚀;所有的下游位置或者不可能出现水(因为水会积聚在上游并呈气态),或者只在上游管段已经全部充满液体沿管段流下的情况才发生腐蚀。在这种状况下,上游位置将有一段长期的暴露期,因此可能会遭受最严重的腐蚀。对于管道而言,在所有管道倾斜角小于管道内部水积聚的临界倾斜角的位置,最大倾斜角是此分析管段内需要重点关注的。

严格来讲,气流从任意速度到最大速度,大倾斜角的管段将积聚水,但是在上游、较低的倾斜角位置处也可能引起水的积聚。基于这一点,针对倾斜角的检查,高于临界倾斜角可用来评价下游管段的完整性。但是,上游管段的完整性仍然是未知的,如果有一段时期内管段的气体运行速度范围数据变化率较小并且表现明显,就需要工程判断法来确定。

4) 后评价

后评价的作用是验证对特定管段进行 ICDA 的有效性,并确定再评价的时间间隔。如果倾斜角度大于电解液积聚临界角的管段,就必须在预测有水积聚地点的下游位置再进行一次或多次开挖。如果最有可能腐蚀的部位经检查未发现腐蚀,则可保证管道的大部分管段完整性良好。如果在管道倾斜角度大于电解液积聚临界角的地方发现腐蚀,则应对电解液积聚的管道临界倾斜角度进行重新评价,并另选几处地方进行局部检测。

对 ICDA 作为一个内腐蚀评价方法的有效性进行评价,并决定是否在每隔很短的时间内就重新进行评价。操作员必须在开展 ICDA 的一年之内执行该评价。

使用挂片、超声波检测器或电子探针技术对已经识别出的内腐蚀进行持续监测,在低位点对液体进行定期排放并对其进行化学分析,以了解生成腐蚀产物的可能性。必须基于已开展的所有完整性评价得到的结果。如果发现了出现腐蚀产物的任何迹象,必须及时采取措施。

按照 ICDA 最严格的定义,局部检测不一定做。这是因为即使挖开管道,也不太容易检测管道内部。但是详细的检查是可能的,这种详细的检查包括一些技术,例如腐蚀预测、腐蚀监测或检测等,并且,开挖后超声波和射线检测是经常使用的一种方法。值得注意的是,一个位置一旦确定下来,腐蚀监测工具的安装(如挂片、探针、超声波探头)可以允许运行人员增加检测次数,在某些易受腐蚀的地点做到实时监控。另外,腐蚀监测工具不能只安装在有异议的位置,其他位置也要安装,因为,假如腐蚀是随位置变化的,腐蚀挂片就可以安装在任意位置,该位置不一定是腐蚀最严重的区域。

3. 管道外检测技术的应力腐蚀直接评价方法

应力腐蚀直接评价方法(stress corrosion cracking direct assessment,SCCDA)的目的是发现管道外表面的应力腐蚀开裂。这种方法可以对管道已经、正在或可能出现应力腐蚀开裂的部位进行识别和处理(袁厚明,2010)。但是,鉴于管道应力腐蚀及其风险的多样性,某些情况下,SCCDA 方法不一定适用。

同外腐蚀直接评价法、内腐蚀直接评价法一样,应力腐蚀直接评价技术也是一种结构化的方法,包括预评价、间接检查、直接检查、后评价4个阶段。具体流程如图5.8所示。

1)预评价

预评价工作是指分析历史和当前资料,确定易出现应力腐蚀开裂的管段轻重次序,选择具体开挖地点。预评价要对资料进行收集、整合和分析,并且要做到全面和彻底。收集的数据来源于内部施工建造记录、操作和维护历史、纵断面图、腐蚀调查记录、地面勘查记录、前期完整性评价,以及维护活动中的检测报告。应根据管段的历史和已知状况确定数据最低要求,必要时考虑由其他直接评估机构进行数据资料确认(张开强,2024)。当管段首次应用 SCCDA 方法时,应考虑在此区域影响 SCC 可能性的所有因素。在预评价收集的资料常包括与进行全面风险评价时相同的资料。根据管道完整性管理计划及实施情况,预评价工作可与全面风险评价工作一起进行。当缺乏某一方面的资料时,可根据自身的经验和有关类似管道系统的资料进行保守的推测,这些推测的根据和有关决定应做记录。

数据收集范围包括与管道有关的因素、与建设有关的因素、土壤/环境因素、管道作业资

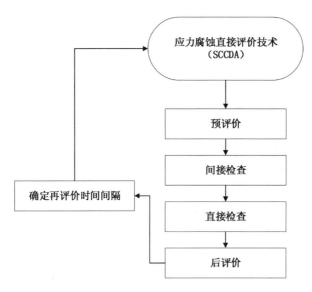

图 5.8　应力腐蚀直接评价技术流程图

料等方面的资料。

在预评价这个阶段需要对开挖地点进行选择,开挖地点应选择在发生 SCC 可能性较大的地方,但遗憾的是,并没有可行的地面检测的方法可以确定 SCC 的存在。尽管行业经验可以为选择 SCC 发生可能性高的地点提供指导,但在应用中可能存在某些差异。此外,某些预测模型对管道上易出现近中性 SCC 的区域的识别和排序是有用的,但这类模型只有在一定的管道和地域条件下才是有效的,由于具体管道的运营历史不同,一条管道与另一条管道甚至一个管段与另一个管段中相关的因素可能不同,其预测的可靠性只能通过开挖得以验证。选择开挖地点时,应考虑的因素如下。

(1)所关注的区域内历史上存在压力试验失效,内检测指示以及以前的开挖中发现过应力腐蚀,开挖的地点应在以前出现 SCC 处附近。行业经验显示,SCC 在以前发现过的地方附近出现的可能性很高。

(2)如果以前出现 SCC 的地点与管道的某一特殊性质有关,开挖应在其他有同一性质的地点进行。经验表明,SCC 与凹陷等机械性损伤、土壤温度、排水状况、土壤类型等地理环境因素有关。

(3)如在所关注的地区没有 SCC 出现的历史,则应考虑防腐层异常的地点。对煤焦油、沥青等防腐层,这些地点可通过密间隔电位测量(CIIPS)或防腐层缺陷调查来识别。

(4)如在有屏蔽防腐层的管道进行了几何检测和金属损失,在没有 SCC 历史的情况下,应考虑凹陷和一般腐蚀的地点,因为这两个特征与 SCC 可能相关。

(5)如果缺乏适当指标,则应选择应力、压力波动和温度最高或有防腐层老化史的地方。

2)间接检查

间接检查的目的是进行地面检测,对预评价阶段所获得的资料进行补充。这些资料将被用于对易出现开裂的管段进行排序,并选择直接检查的具体位置。这一阶段收集的资料的性质依赖于在评价前阶段所收集的资料的程度和质量。

在这一阶段的资料收集通常可能包括密间隔电位测量(CIPS)、直流电压梯度测试(DCVG)和管道沿途的地域状况(土壤类型、地形、排水状况等)。此外,还需要获得几何检测器发现的与 SCC 相关的凹陷和弯折,漏磁检测器(MFL)发现的与 SCC 相关的防腐层剥离和腐蚀缺陷等方面的资料。

3)直接检查

在这一阶段需要实地确认在前两个阶段中所选择的开挖地点,进行实地开挖点的地面测量和勘察,然后开挖。对在各开挖地点发现的 SCC,还需对其严重性、范围和类型进行评价,收集后评价阶段或建立预测模型可用的资料。

直接检查阶段包括开挖点确认、开挖和数据收集、防腐层去除后的数据收集和分析、开裂类型分析和开裂严重性评价,具体如下。

(1)开挖点确认:开挖之前,对选择开挖点的地面特征进行现场确认。一般通过观察确认地形条件,如果有必要,可通过钻孔检查土壤和排水状况。如选择的地点是基于防腐层破损或潜在的腐蚀,可通过直流电压梯度测试技术或密间隔电位测量等检测技术重新加以确认。当内检测资料被用作开挖地点的选择时,应根据地面标记、管道阀门、套管三通等对开挖地点进行确认。

(2)开挖和数据收集:对于每一处开挖,在开挖前应确认哪些是所要收集的重要资料,表 5.3 列举了需要收集的参数及相应的测量方法。

表 5.3 开挖数据收集方法及数据用途

参数	测量方法	用途
管地电位	在开挖两端管道附近放置参考电极,通过断续器可获得"开"和"断"时的电位	这些数据用于评价管道的阴极保护(CP)水平
土壤电阻率	温纳四电极法(Wenner four pin method)和土壤盒方法(soil box method)	用于评价土壤的腐蚀性
土壤和地下水样本	土壤,地下水矿物成分、密度等的分析都应遵循相关标准	进一步了解环境因素与 SCC 的关系
防腐层	观察	得到防腐层的电学和物理性质

(3)防腐层去除后的数据收集和分析:在去除剥离处的防腐层后,进行管道的表面检查。防腐层去除后,通常应对管道表面的腐蚀沉积或生成物进行描述记载和拍照,还可采集样本以供分析。不同的腐蚀沉积与两类 SCC 有关,近中性 SCC 与碳酸亚铁($FeCO_3$)有关,而高 pH 值 SCC 与碳酸氢钠($NaHCO_3$)或磁石(Fe_3O_4)有关。如在剥离防腐层下的管道表面有湿水,应用石蕊试纸检测 pH 值并做记录,剥离防腐层下的腐蚀沉积物的颜色、质地、组成、分布等应记入文档。

(4)开裂类型分析:开挖查出的开裂迹象可能是几种原因的结果,包括近中性 SCC 和高 pH 值 SCC,机械损伤甚至是无害的厂家瑕疵等。实施管道开裂减缓措施的必要性通常视所存在的开裂类型而定。借助裂纹群的存在通常能把 SCC 与其他类型的裂纹分开。近中性 SCC 往往与管道表面轻度腐蚀有关,高 pH 值 SCC 通常与管道明显的外部腐蚀有关。在有些情形下可能需要通过原位金属组织检测来确定 SCC 的类型。高 pH 值 SCC 是晶间裂纹,通常分叉,没有明显的腐蚀和管壁开裂迹象。近中性 SCC 是穿晶裂纹,通常不分叉,常见有管道外表面腐蚀和管壁开裂迹象。

(5)开裂严重性评价:在检查出 SCC 后应遵循 ASME B31.8S 标准的附件 A 部分 A3.4 节中所述做法处理。SCCDA 方法有助于发现某一管段的 SCC 裂纹群,但不一定发现该管段上所有这类缺陷。如果发现了超限的 SCC 裂纹群,应推测在该管段其他地方可能存在类似缺陷。

4)后评价

在这一阶段要做的是,对在前 3 个阶段中所收集的资料加以分析,决定是否需要采取普遍性的 SCC 减缓措施,确定实行再次评价的时间间隔及对 SCCDA 方法的有效性进行评价。

减缓措施包括单项减缓措施和综合减缓措施。单项减缓措施是对一个孤立的、在实地调查计划过程中发现"显著"SCC 的处理。这种减缓措施局限于管道长度较短的地方,一般不超过 90m,具体做法包括受影响管段的修复或更换,对该管段进行压力试验,进行工程临界评价确定进一步的减缓方法等。

综合减缓措施是当管线某一个或几个管段出现"显著"SCC,并且有广泛扩展的风险时,对管段的处理,通常这是一种受到管道长度影响较长时的减缓措施,具体做法包括受影响管段的水压试验、运行裂纹检测器、大范围更换管道和管道重新防腐。

在后评价中,需要确定下一次评价的适当间隔。对于某段管道,更多检查的次数和时间间隔根据以下情况决定:①初次检查所发现的 SCC 的广泛性和严重性;②对裂纹群落扩展速度和含有裂纹群落管道剩余寿命的估计;③该管段总长度;④该管段潜在出现 SCC 的总长度;⑤该管段内出现故障的潜在后果。

采用何种方法评价 SCCDA 的有效性,由管道运营商决定。评价 SCCDA 有效性的方法包括但不限于下列做法:①选择开挖地点的结果与控制性开挖结果的比较;②对所选择的管段使用 SCCDA 法的结果与使用裂纹检测工具进行内检测的结果的比较;③对用 SCCDA 法开挖以识别开裂出现或其严重性有统计显著性相关的因素所得的数据进行统计分析;④对一管段连续使用 SCCDA 法;⑤对 SCC 预测模型在预测 SCC 地点和严重性方面的可靠性进行评价。

5.2.3 超声导波检测技术

超声导波技术是一种可以代表管道检测技术发展水平的检测系统,常用于快速检测内部和外部腐蚀及其他缺陷。管道检测系统可以快速检测难以介入的长距离管道的腐蚀或缺陷。直径为 2in(1in= 25.4mm)或大于 2in 的管道中,超声导波管道检测系统使用轻型环状传感器发射超声导波,传播距离可达 50m。完善的软件程序可以分辨管道交叉部分反射波的变化,超声导波系统可对从传感器安装位置算起的100m管道进行100%检测。超声导波系统使用扭转波和纵波,这就意味着只需清除很小区域就可以完成对输气和输油管道的检测,而不用把管道全部挖开。其新的应用领域还在不断开发中。

超声导波系统常用于下列情形:穿越套管、穿越围墙、直管段100%的检测、各种支架下的管道检测、架空工程管道、防腐层下腐蚀检测、低温工程管道、球形支架、护坡管线。

超声导波检测系统用导波检测长距离管道的腐蚀或裂纹。常规的超声波检测,如壁厚的测量,只能测到传感器下管壁的厚度,所以,在检测大范围管线时速度很慢,且常常需要找有代表性的特征点进行检测。超声导波检测系统用特制的传感器环以适于管道检测。传感器环安装在管道上,操作者可以使用超声导波检系统完成单项测试,在传感器环的两侧均可检测数十米。

传感器环两侧的有效检测距离受多种因素制约,好的条件下可达数十米,坏的条件或有某种覆盖层的条件下,检测距离只有几米。为更好地理解超声导波检测系统的工作原理,可参照常规超声导波在脉冲方式下的工作原理,超声波环发射脉冲超声导波并接收回波信号(何存富,2016)。具体原理如图5.9所示。

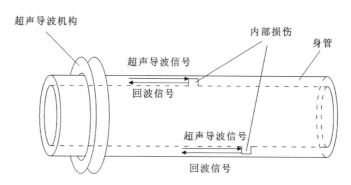

图 5.9　超声导波检测原理示意图

图5.10是超声导波系统检测带有各种显著特征的管道时的示意图。超声导波检测系统由3个主要的部分组成:传感器环、SE16超声导波检测设备和控制计算机。传感器环是按管道尺寸特制的,它们靠弹性或气压把压电传感器固定在管道上,内部的电气连接使得每一传感器环自动工作。SE16超声导波检测设备接收所有检测信号,操作电源由其内部的可充电电池提供,并通过USB接口或导线与手提电脑相连。设备的调试、信号的处理和测试报告均由WavePro软件系统完成。

超声导波检测系统是为快速检测长距离管线外部和内部的腐蚀以及轴向和周围的裂痕而设计的,它可以广泛用于地下和绝缘的各种管道的检测。由于可对运行中的管道进行检测,所以检测造成的损失小。一天的检测量可以达到数百米,并可对管壁一次性100%检测。超声导波检测系统使用新的双环排列的探测器,这提高了检测效率,降低了设备成本,探测器1min之内就可以安装在管道上。图5.11为直径8～24in的管道可使用的伸缩式环状传感器。

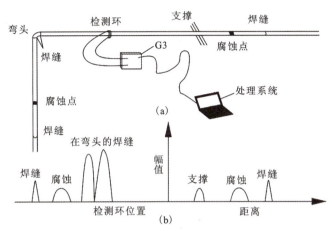

图 5.10 超声导波检测示意图

图 5.11 超声导波检测系统传感器实物图

超声导波检测系统作为检测工具使用时可快速识别有缺陷的区域。操作时,管道四周只需要清除 3in 宽的区域,并且可以实时得出检测结果,有各种模式的导波可以选择,检测距离大,通常在 1min 之内传感器两侧的检测距离可达 25m。

5.2.4 管道无损检测技术

金属管道分为无缝管和有缝管两种。无缝管常用穿孔法和高速挤压法制成,大口径无缝管也有用锭材经锻造和轧制等方法加工成型的。无缝管中常存在裂纹、折叠、夹层、夹杂和内壁拉裂等缺陷,这些缺陷大多与管轴线平行。直接由锻压方式制成的大口径管的缺陷与锻件的类似,有裂纹、白点、砂眼和非金属夹杂等。有缝管是先将原材料卷成管形再焊接而成,大口径有缝管多采用焊接成形,焊接方法多采用电阻焊或埋弧自动焊(杨楠,2021)。焊接的有缝管缺陷通常有裂纹、未焊透、未融合、气孔和夹渣等。金属管材的表面常采用目视检查、渗透检测和磁粉检测;内部常采用涡流检测和超声检测等。其中,目视检查、渗透检查和磁粉检测为表面检测技术。

1. 目视检查

目视检查是指用人的肉眼或肉眼与各种放大装置相结合对试件表面作直接观察,目视检查是重要的无损检测方法之一,对于表面裂纹的检查,即使采用了其他方法,目视检查仍广泛用作有用的补充。目视检查的优点主要是简单、快速;缺点主要是仅涉及表面情况,表面可能须做某些准备,如清洗、去除油漆氧化皮及尘土,可能需要喷砂或喷丸,某些部位难以接近,当可接受的缺陷很小而检验面积很大时有漏检的可能。对于不同类型的表面缺陷可采用不同的目视检查手段,如借助于放大镜、内窥镜等。

2. 渗透检测

渗透检测是利用渗透液的润湿作用和毛细现象而使其进入工件表面开口的缺陷,随后被吸附和显像。一般来说,液体渗透检测只能检查材料或构件表面开口的缺陷,对埋藏于皮下或内部的缺陷,渗透检测是无能为力的。它的优点是方法简单,成本低,适用于有色金属、黑色金属和非金属等各种材料和各种形状复杂的零部件;缺点是对多孔性材料不适用,渗透检测使用的渗透剂包括清洗剂、着色剂和显像剂,着色剂分为普通红色和荧光两种。目前国内外均有多家渗透剂生产厂商,产品质量差别不大。

3. 磁粉检测

磁粉检测是利用导磁金属在磁场中被磁化,并通过显示介质来检测缺陷特性的一种方法,其基本原理是:当工件被磁化时,若工件表面及近表面存在裂纹等缺陷,就会在缺陷部位形成泄漏磁场,泄漏磁场将吸附、聚集检测过程中施加的磁粉,形成磁痕,从而提供缺陷显示。磁粉检测法可以检测材料和构件的表面和近表面缺陷,对裂纹、折叠、夹层和未焊透等缺陷极为灵敏。磁粉检测法的优点是设备简单、操作方便、观察缺陷直观快速,并有较高的检测灵敏度,尤其对裂纹十分敏感。它的局限性是只适用于铁磁性材料及其合金,且只能发现表面和近表面的缺陷。

在使用渗透检测和磁粉检测对金属管材的表面检测中,磁粉检测法灵敏度相对较高、漏磁率低,因此优先推荐使用。

4. 涡流检测

涡流检测是把导体接近通有交流电的线圈,由线圈建立交变磁场,该交变磁场通过导体并与之发生电磁感应作用,在导体内建立涡流。导体中的涡流也会产生自己的磁场,涡流磁场的作用改变了原磁场的强弱,进而导致线圈电压和阻抗的改变。导体表面或近表面出现缺陷时,将影响到涡流的强度和分布,涡流的变化又引起了检测线圈电压和阻抗的变化,根据这一变化,就可以间接地知道导体内缺陷的存在。因此,涡流检测适宜于导体表面缺陷或近表面缺陷。由于"趋肤效应"的影响,对于材料内部缺陷,由于涡流密度的衰减,渗透深度的减小,其检测灵敏度下降,而且采用涡流检测有高频激励信号存在,给信号的处理带来一定困难,容易引起信号的相互干扰。对管道进行涡流检测时,通常采用穿过式线圈探头检测通孔缺陷,采用扁平放置式线圈探头检测表面裂纹。另外,铁磁性管材在不同磁场强度作用下具有不同的磁导率,因此,对铁磁性管材进行检测必须设置磁饱和装置,并对检测线圈所检测的区域施加足够强的磁场,使其磁导率趋于常数。铁磁性钢管涡流检测的频率一般为1~500kHz,涡流检测时,必须用对比试样来调节涡流仪的检测灵敏度、确定验收水平和保证检测结果的准确性,对比试样应与被检测对象具有相同或相近的规格、牌号、热处理状态、表面状态和电磁性能,大多数标准规定对比试样上的人工缺陷为通孔或刻槽。焊接钢管涡流检测依据《钢管涡流探伤检验方法》(GB 7735—2004)通过样品中人工缺陷与生产中出现的缺陷在系统中显示信号的幅值进行判断。

5. 超声检测

超声检测是一种应用十分广泛的无损检测方法,它既可检测材料或构件的表面缺陷,又可以检测内部缺陷,尤其是对裂纹、叠层和分层等平面状缺陷具有很强的检测能力。超声波检测法适用于钢铁、有色金属和非金属,也适用于铸件、锻件、轧制的各种型材和焊缝等。

超声波检测法较适用于检查几何形状比较简单的工件。对于管材、棒材、平板、钢轨和压力容器焊缝等几何形状比较简单的材料和构件,可以实现高速自动化检测。

小口径管材大多为无缝管,对平行于轴线的纵向缺陷,可用横波进行周向扫查检测;对垂直于轴线的管内横向缺陷,可用横波进行轴向扫查检测。应考虑管材与探头相对运动轨迹和声束覆盖范围,以保证管材100%被扫查到。为避免由于缺陷取向等原因产生声波反射呈现定向性而发生漏检,应从两个相反方向各扫查一次。小口径管超声检测通常有接触法和水浸法两种。接触法适用于手工检测,为增加耦合性能,减少波束扩散,一般将有机玻璃斜楔磨成与管子外径曲率相近的形状,并采用接触式聚焦探头,以提高检测灵敏度。

大口径管材超声检测的探测方式分为纵波垂直扫查、横波周向扫查和横波轴向扫查,用于检测不同取向的缺陷。

5.2.5 环焊缝无损检测技术

金属管道焊缝在其焊接的过程中会产生一些缺陷。出现在表面的缺陷主要有未焊透、咬边、焊瘤、表面气孔、表面裂纹等,内部缺陷主要有夹渣、夹杂物、未焊透、未熔合、内部气孔、内部裂纹等。表面缺陷通常采用目视检查、磁粉检测或渗透检测,内部缺陷通常采用射线或超声检测。

1. 环焊缝的目视检测

管口焊接、修补和返修完成后应及时进行目视检查,包括焊缝及管体表面清洁状态的检查,焊缝余高、宽度、错边量和咬边深度的测量,焊缝表面裂纹、未熔合、夹渣、气孔等缺陷的检查等。焊缝外观需达到规定的验收标准,目视检查不合格的焊缝不得进行无损检测。检测工作开始前,检验量具需经计量部门按照有关标准校准,且只能在校准期内使用。

2. 环焊缝的表面检测

对淬硬倾向大、裂纹敏感性高的金属材料焊接接头,应按设计文件或规范规定进行表面无损检测,以发现肉眼难以检出的微缺陷。检测方法以磁粉检测和渗透检测为主,如属铁磁性材料且操作条件允许时,则应尽可能用磁粉法检测。GB 50235—2017 和 HG 20225—2007 标准规定,焊缝表面应按设计文件规定,进行磁粉或液体渗透检验。SH 3501—2018 标准规定,每名焊工焊接的抗拉强度下限值不小于 540MPa 的钢材、设计温度小于 $-29℃$ 的非奥氏体不锈钢、铬-钼低合金钢管道,其承插和跨接三通支管的焊接接头及其他角焊缝,应进行表面无损检测。

1) 磁粉检测

磁粉检测主要用于检测焊缝的表面和近表面缺陷,如裂纹、皱褶、夹层、夹渣、冷隔等。磁粉法能直观地显示缺陷的形状、位置、大小,并可大致确定其性质;具有高的灵敏度,可检测出最小宽度约 $1\mu m$ 的缺陷,几乎不受试件大小和形状的限制;检测速度快,工艺简单,费用低廉。检测前,首先应检查所配制的磁悬液浓度是否合适,浓度太高,易产生伪磁痕;浓度太低,灵敏度会降低。其次要检查磁轭的提升力是否达到标准要求。现场检测时,必须用标准试片检查检测系统的综合灵敏度,符合标准要求时才能作业。

2) 渗透检测

渗透检测是检测试件表面上开口缺陷的一种无损检测方法,适用于检测各种类型的裂纹、气孔、分层、缩孔、疏松等其他开口于表面的缺陷。在管道焊缝表面检测中,渗透检测主要用于无法进行磁粉检测的部位或非铁磁性材料的焊接接头表面缺陷,一般采用溶剂去除型渗透剂。液体渗透法的优点是不受试件的几何形状、大小、化学成分和内部组织的限制,也不受缺陷方位的限制;原理易懂、设备简单、检测速度快;费用较低;缺陷显示直接,检测灵敏度高。

3. 环焊缝射线检测

射线检测法是利用射线在穿透物体过程中受到吸收和散射而衰减的特性,在感光材料上获得与材料内部结构和缺陷相对应的黑度不同的图像,从而检测出物体内部缺陷的种类、大小、分布状态并给予评价。因此,射线检测法适用于检出材料或构件的内部缺陷。射线检测法只对体积型缺陷比较灵敏,对平面状的二维缺陷不敏感。而焊缝中通常存在的气孔、夹渣、密集气孔、冷隔、未焊透、未熔合等缺陷往往是体积型的,即使是焊接裂纹也有一定的体积,可以用这种方法检测到缺陷。所以,射线检测法适用于焊缝检测。在射线检测时由于射线对人体有害,必须妥善防护。

管线环焊缝射线检测一般分为 X 射线检测和 γ 射线检测,前者用于壁厚在 26mm 以下的管线环焊缝检测,后者多用于大壁厚、架空或射线极难以架设的部位。由于环焊缝焊接缺陷以体积型缺陷为主,如夹渣、气孔、未焊透、未熔合、内凹等,因此利用射线穿过介质的能量衰减在胶片上记录缺陷是环焊缝无损检测的主要方法。

目前,管线环焊缝检测采用了先进的检测工艺,由于 X 射线检测的清晰度、灵敏度均高于 γ 射线检测,因此一般尽可能采用 X 射线检测。在制定 X 检测工艺时,通常是按管径、管线状态选择检测方式,对于管径大于 219mm 的管线直管段和曲率半径大于 $10D$ 的弯管段,可采用

X射线管道智能内检测器进行检测。这种检测方法具有效率高、裂纹检出率高、辐射污染小等优点。因此,X射线管道智能内检测器已成为管线对接环焊缝射线检测的主要手段。对于曲率半径小于10D的弯管和管径小于219mm的管线,X射线检测仍然采取传统的管外架机方式进行检测。

4. 环焊缝的超声检测

超声波检测法是一种应用十分广泛的无损检测方法,它既可检测材料或构件的表面缺陷,又可以检测内部缺陷,尤其是对裂纹、叠层和分层等平面缺陷具有很强的检测能力。超声波检测法适用于钢铁、有色金属和非金属,也适用于铸件、锻件、轧制的各种型材和焊缝等。

小管径管道设计若无特殊要求时,施工过程通常采用手动数字化超声波检测仪进行检测。小管径工业管道焊缝的超声检测具有大 K 值、短前沿、一次波探测根部的特点,要求仪器有较窄的始脉冲,占宽小于2.5mm,且有较高的分辨率;探头一般为5MHz大 K 值探头,晶片尺寸常为6mm×6mm或8mm×8mm,前沿长度常为4~6mm,可采用单晶或双晶线聚焦探头。扫查时利用一、三次波探测焊缝下部和根部,二次波探测焊缝上部,以缺陷水平位置综合回波幅度等特征进行综合判定。检测区域的宽度应是焊缝本身加上7~9倍壁厚,通常在60mm左右。

一般大管径(610mm以上)、高钢级、全自动焊接或半自动焊接管线,通常采用全自动超声检测系统。全自动超声检测技术目前在国内外已被大量应用于长输管线的环焊缝检测,与传统手动超声检测和射线检测相比,其在检测速度、缺陷定量准确性、减少环境污染和降低作业强度等方面有着明显的优越性(李学平,2012)。全自动相控阵超声检测系统采用区域划分方法,将焊缝分成垂直方向上的若干个区,再由电子系统控制相控阵探头对其进行分区扫查,检测结果以双门带状图的形式显示,再辅以TOFD(衍射时差法)和B扫描功能,对焊缝内部存在的缺陷进行快速分析和判断,大大提高了检测效率,降低了劳动强度,适合快速多机组施工现场。

5.3 完整性评价技术在实际工程中的应用

5.3.1 内检测技术在陕京管道中的应用案例

1. 陕京管道内检测技术应用背景

陕京一线线路总长910.5km,其中干线847.7km,途经山西、河北、北京三省一市,经3条地震断裂带,穿跨越5条大型河流及230条中小型河流,于1997年10月建成投产。为了全面了解管道现状,预防由腐蚀等原因造成的管道泄漏事故的发生,2002年陕京管道的管理者决定对陕京一线全面进行管道模拟检测器清管、腐蚀检测,通过对全线进行管道清管、腐蚀检测,为陕京管道提供了科学、准确的检测数据,建立健全了管线的基础档案资料,保证了管线安全。

陕京管道内检测项目于2001年9月正式启动,当时在国内天然气管道中首次开展管道内检测工作,为了管道完整性管理检测工作的顺利开展,还邀请了英国ADVANTICA公司为检测项目做技术服务咨询,对陕京管道的可检测性进行评估,ADVANTICA公司改进了管道检测公司的检测器并使其适合在天然气管道中应用,同时对陕京管道的可检测性和廊坊检测公司的检测设备进行了评价,并和陕京一线管理者共同制定了检测标准(张情情和吉磊,2014)。

2. 内检测内容及步骤

陕京一线实施的内检测包括以下内容和步骤。

(1)常规清管器清管:对管线进行常规清管器清管,清除管内积砂、积炭物等其他杂物,减少沉积物对检测结果的影响。

(2)通测径板:对管线进行测径,使用测径板,装在清管器上面,测径板的尺寸能反映检测器在管道内的通过能力,测径板由铝板制成,厚度需适当。

(3)模拟检测器清管:对管线投运模拟体清管器,模拟体的通过能力与检测器相同,为确保万一,发送检测器前应发送1~2次模拟体清管器,以便最终测定检测器是否可以安全通过整条管线而不发生卡堵事故,其发送流程与机械清管完全相同,发送时各种参数也相同。

(4)管道腐蚀检测:对管线投运漏磁腐蚀检测器,检测管道内外腐蚀现状和准确位置,形成完整的检测记录供计算机分析处理。

(5)管道腐蚀检测后的数据处理:通过现场处理和分析检测器记录的检测数据,现场每段提供2~3个开挖校验点,并选择适当点进行检测结果的现场开挖验证和数据标定,最后经详细分析后提交完整的检测报告。检测完成后,对检测数据进行分析处理,由于被检测管段较长,检测数据量较大,系统、详细的检测报告将在一个半月内提交给客户,并附带改造建议。

3. 内检测器设备技术指标及内检测参考规范

陕京一线使用的内检测设备技术指标见表5.4。

表5.4 内检测设备技术指标

中等清晰度检测技术指标		
缺陷类型	检测临界值	尺寸精度
大面积腐蚀	20%壁厚	±15%壁厚
坑、点蚀	40%壁厚	±15%壁厚
长度精度	30mm	±10mm
宽度精度	15mm	±13mm

续表 5.4

中等清晰度检测技术指标		
绝对轴向定位精度	±0.1m	
环向定位精度	±15°	
高清晰度检测指标		
大面积腐蚀	10%壁厚	±10%壁厚
坑、点蚀	20%壁厚	±20%壁厚
长度精度	20mm	±10mm(<3t×3t) ±20mm(>3t×3t)
宽度精度	15mm	±10mm

根据技术指标的要求,管道缺陷的中等清晰度检测准确率达到80%以上,高清晰度检测准确率可信度达到90%以上。

表 5.5 列举了陕京一线内检测过程遵循的标准和规范。

表 5.5 内检测操作参考规范

内检测参考标准	
SY/T 6383—1999	长输天然气管道清管作业流程
SY/T 6186—2020	石油天然气管道安全规程
双方约定的内检测方案	
陕京管道内检测技术标准	
Specification and Requirement for intelligent pig inspection of pipeline	内检测技术指标标准
NACE RP0102	管道内检测操作推荐标准
漏磁内检测操作推荐标准	

4. 组织机构和职责

为了完成整个内检测流程,需要设定以下4个专业组织机构。

(1)生产调度组(设在现场和调度室):负责提前协调气量,保证检测所需气量、流量范围条件,监视上下游运行状况,传达清管器、检测器的准确发送时间和生产调度指令,协调站生产,掌握清管器、检测器和生产动态,及时协调指挥,做好记录,并负责检测期间的安全工作。

(2)技术组:负责设备、电气调试,指导跟踪设标,完成检测数据处理,提供数据结果,负责指导并进行开挖验证。

(3)跟踪组:负责检测器在管道运行期间的跟踪设标工作,掌握检测器运行的准确位置,携带电话机随时向现场总指挥组汇报情况,并提前检查各站间阀门,待球通过时详细观察压力变化,做好检测器通过跟踪记录。

(4)收发球组:负责流程切换,收发球筒天然气置换,常规清管器和测径板、模拟体及腐蚀检测器的发送、接收和维护工作。

5. 内检测应满足的各项条件

1)管道干线应具备的条件

被检测管道直管段变形不得大于13%D,弯头变形不得大于10%D;沿线弯头的曲率半径不得小于3D,且连续弯头间直管段不得小于1200mm;沿线三通必须有挡条。且支线开孔直径不得大于干线管径,若为"网孔"式三通,其开孔长度不得大于650mm;沿线阀门在检测器运行期间必须处于全开状态,且全开后的阀门孔径不得小于正常管道内径;运行管段如有斜接存在,则其角度不得大于15°。

2)收发球筒的要求

发球筒的长度不得小于3m;截断阀出口应设有过球指示器。发球筒前的场地应能满足检测器顶入操作的需要,以便设备顶入;收球筒的长度不得小于3m,阀门至大小头不得小于3m,且在靠近大小头处应设有过球指示器。收球筒前的场地应能满足检测器取出操作的需要。

3)管线的里程碑与标记

被测管线应"三桩"齐备,如不能满足要求,则在每隔2km处做明显相对永久的标记,这种标记对跟踪设标和腐蚀的准确定位以及检测后的开挖维修十分重要。

4)输气量速度和输气量要求

检测器运行期间,对输气量进行控制,保证检测器在管道中以1.5~2.5m/s的最佳速度运行,并保持稳定。

5)现场要求

调试车间面积不小于50m^2,应有水源、电源及良好的照明条件,车间内最好有起吊装置;数据处理室面积不小于20m^2,配有相应办公桌椅,并具备AC 220V可靠接地电源。

6. 陕京管线内检测项目作业流程

陕京管线内检测施工流程如图5.12所示。

陕京一线靖边—永清总长910.5km,检测出金属损失缺陷共计6540个,其中,0~25%壁厚的缺陷为6435个,25%~50%壁厚的缺陷为100个,50%壁厚以上的缺陷5个。这些金属损失缺陷包括制管、防腐、运输和敷设过程中产生的机械损伤缺陷,以及管材本身存在的内部缺陷(夹层、材质不均匀等)。同时给出了全部对接环焊口的位置和信息,给出了全部螺旋焊缝的位置信息,给出了全线三通、阀门、弯头(冷弯、热弯)、测试桩焊点、全线管道壁厚变化连接点(穿越、跨越点)、收发球筒等的详细信息。

壁厚大于25%以上的金属损失采用柱状图的形式,以5km为间隔描述靖边至榆林段的缺陷沿里程的分布情况(图5.13)。

5 高钢级管道环焊接头的完整性评价

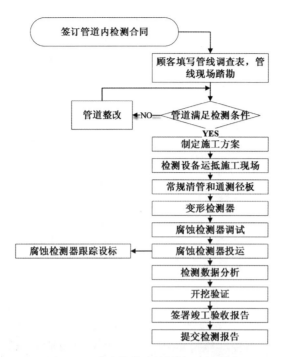

图 5.12　陕京管线内检测施工流程图

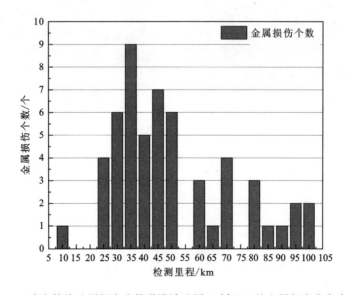

图 5.13　陕京管线壁厚损失为管道设计壁厚 25% 以上的金属损失分布直方图

从图 5.13 可以清楚地看出,自靖边起 25~50km 区域内,大于壁厚 25% 以上的缺陷较多,距靖边 0~25km 区域内缺陷损失较少。按照内检测的结果,在全线选择了 25 个开挖点进行开挖验证,开挖验证严格按照行业标准《钢制管道内检测技术规范》执行,开挖验证需要比较的参数包括特征绝对距离、距最近参考点的距离、距上游环焊缝的距离、距下游环焊缝的距离、深度/(%壁厚)、长度、宽度、环向位置、金属损失类型。通过实测数据与检测结果进行误差分析,开挖验证的结果显示,检测的全线开挖结果与管道实际情况相符合,其中对管道缺陷的定位精度、环向定位精度、深度测量精度、长度测量精度、宽度测量精度均满足规定要求,开挖缺陷的精度指标可信度达到了90%。图 5.14~图 5.17 为部分开挖后的典型照片,这些照片为管道维护提供了第一手数据资料。

图 5.14 施工机械损伤

图 5.15 外防腐层机械损伤

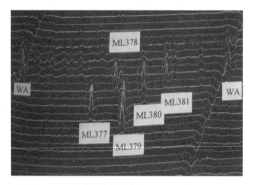

图 5.16 金属损失信号 ML377 和 ML379

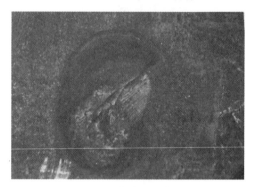

图 5.17 外力机械损伤

5.3.2 Enbridge 公司管道完整性管理案例

1. Enbridge 公司完整性管理背景

Enbridge 公司被认为是管道完整性管理行业的佼佼者。Enbridge 公司管理着 25 000km 的管道,179 个泵站,每天输送 220 万桶油品。2011 年专门设置了设施完整性管理部门,负责罐、站区管道的安全管理。

2. Enbridge 公司完整性管理操作流程

Enbridge 公司完整性管理操作流程如图 5.18 所示。

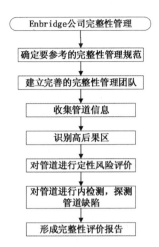

图 5.18 Enbridge 公司完整性管理主要流程

5.3.3 Williams Gas 公司管道完整性实施案例

1. 完整性管理方案

美国运输部管道安全办公室(OPS)于2004年出台规定,要求气体管道运营商为可能因失效影响高后果区的长输管道(埋地部分)制定完整性管理方案。

运输部 OPS 规定气体长输管道所有者/运营商:①实施综合的完整性管理计划;②开展基线评价和周期性再评价以识别和评估管道潜在危害;③修复在此过程中发现的重大缺陷;④持续监控程序有效性以便进行修正。

OPS 要求管道运营商编制书面的完整性管理规划以明确每一段埋地管道的风险。应识别埋地管道上的人口稠密区,或位于"特定场所"(有人员移动不便、受限或难以疏散的场所,如医院、教堂、学校或监狱等)一定距离内的区域。该距离取决于管道直径和运行压力。

OPS 要求管道运营商编制、执行和遵守书面的完整性管理规划。该规划必须上传以备 OPS 检查。同时规划进一步要求对完整性管理规划涉及的人员进行适宜的培训。

Williams Gas 公司的气体管道(WGP)承诺安全可靠地运行其设施以保护公众、环境和员工。基于 OPS 的要求,Williams Gas 公司已编制完整性管理方案,在其系统中加入完整性理念以符合 49 CFR 第 192 部分章节的要求。

Williams Gas 公司完整性管理方案包含以下内容。

(1)识别新规定要求的所有埋地管道。

(2)实施 OPS 要求识别和开展的 14 项内容,包括:①识别所有埋地管道;②埋地管道基线评价计划;③识别埋地管道潜在危害;④直接评价计划;⑤修复条件的物资准备;⑥持续评估和评价的流程;⑦保护埋地管道的预防和减缓措施;⑧效能评估以评定完整性管理规划的有效性;⑨记录保存;⑩流程变更管理;⑪质量保证流程;⑫沟通计划;⑬运营商将完整性管理规划提交国家权威部门的;⑭确保每一项完整性评价以最低环境和安全风险的方式执行。

(3)编制基线评价计划,包括:①评价管段;②每一管段所选用的方法;③评价方法的选择依据;④带有优先级的评价时间表。

Williams Gas 公司综合使用 4 种评价方法。Williams Cas 公司会根据管段风险选择最适合的方法或方法组合,包括:

①内检测——在线和检测器测试;②压力试验;③直接评价——包括数据收集、间接检查、直接检查和后评价;④其他有效技术。

(4)基线评价完成后,Williams Gas 公司就会编制持续的完整性评价和评估规划。

(5)Williams Gas 公司已开发持续改进和发展已有完整性管理规划框架的流程,包括规划是否有效的测试方法。

下述危害或威胁代表了 ASME B31.8S 所识别的 9 种相关的失效类型,包括:①外部腐蚀;②内部腐蚀;③应力腐蚀开裂(SCC);④制造相关缺陷(与 ERW 已有缺陷相关的疲劳开裂);⑤管道设备;⑥建设/装配;⑦第三方机械损伤;⑧天气或外力造成的地面移动/土壤流失;⑨由于误操作不属于管段特性,因此只在 Williams Gas 公司的流程中强调,而不直接纳入风险排序。

考虑的后果包括:①社会影响(安全和用户中断);②环境影响;③用户影响;④经济影响。

Williams Gas 公司给出了管段评价的优先顺序,并符合 2002 年颁布的管道安全法案的规定(表 5.6)。

表 5.6 管段评价时间安排

方法	完成日期	50%埋地管道完成评价的日期
压力测试或内检测	12/17/2012(完成)	12/17/2007(完成)
直接评价	12/17/2009(完成)	12/17/2006(完成)

上述管段必须在基线评价后的 7 年内进行再评价,若经评估认为有必要,应立即进行再评价。当识别到需要进行评价的新管段,Williams Gas 公司会在一年内将其纳入基线评价计划。任何新识别管段的基线评价必须在 10 年内完成(如果采用直接评价,则需在 7 年内完成)。

Williams Gas 公司的完整性管理规划明确当评价过程中发现任何异常情况,都要立即采取处理和修复措施,所有可能降低管道完整性的情况都要进行处理。Williams Gas 公司将在实施完整性评价的 180 天内做出处理决定,除非需要立即修复(运行压力必须临时降低或管线停输直到 WGP 完成修复)。Williams Gas 公司将根据 ASME/ANSI B31.8S 的安排完成修复。

2. 管道建设期完整性管理

Williams Gas 公司的管道建设项目严格管理,采用分标段建设,选择高度专业化、合格的设计、施工队伍,每个标段由不同的人员组成,各司其职。建设期采取以下完整性管理措施。

1）施工前充分调研，识别风险

在施工开始前，公司调查管线周边的环境，为防止管线施工过程中的意外损坏，将公共道路和农业排水项目定位标记出来，标出管道的中心线和管道边界的外部通行权，与地主协商达成通行协议，识别可能存在的风险和隐患。

2）采取环境保护措施，重点清理和分级

管道通过地方的植被需要清理。为最大限度地保护植被和环境，在开挖之前应采取临时的防控措施，确保施工安全。

3）保证挖沟的深度和宽度

表土从工作区挖出，并储存在非农业区，使用挖土机开挖管沟，开挖出的土壤被暂时储存在管沟的非工作侧。充分按照图纸要求施工，保证土方量，遇到石方段时，采取爆破措施，并最终用细土垫层的方式进行沟底处理。

4）布管和弹性敷设

管道布管沿着开挖管沟排列，当自然地貌显著变化或者管道路由变化方向时，采用机械弯管机将管道冷弯成设计的角度，铺设时，采取弹性敷设方式，不允许有对口斜接管道出现。

5）焊接和管道涂层

完成布管和弯管后，将管段对齐，焊接在一起，并临时支起放在管沟边缘。组对过程中，不允许有强力组对。所有焊缝均进行目视检查和射线探测。一般来说，在排管前进行了出厂防腐涂层的管道需要在焊接接头处进行防腐处理。在最终检查前，整个管道涂层是通过电子检查定位并修复任何涂层缺陷或空隙。

6）下管和回填

用单臂吊管机将管道吊入管沟内。管沟回填采用推土机。管沟内不允许出现任何异物，避免损伤管道本体和涂层。

7）试压和扫水干燥

回填后，管道应按照国家法规进行水压试验。试验使用的水要依照国际、国家或地方的相关法规进行处置，试压后扫水和干燥，达到水露点要求。

8）地貌恢复

公司的政策是要清理并尽快恢复工作区。当管道回填和测试后，建设期内受影响地区应尽可能恢复成原来的状态，直到地区恢复到接近其原来的状态，恢复的措施应持续执行。

3. 管道完整性管理系统

Williams Gas 公司有一个全面的管道完整性管理程序，不仅包含检测管道泄漏，而且包含如何防止泄漏的发生，如图 5.19 所示。

5.3.4 TransCanada 公司管道完整性实施案例

TransCanada 公司也是完整性管理的佼佼者。公司的宗旨是保护公众安全和环境。通过全面实施管道完整性管理实现零事故、零伤害、零损伤的安全目标，并严格遵守行业规则，努力执行高于行业规则的做法。

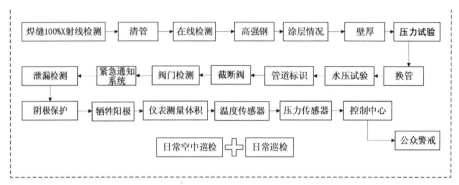

图 5.19　Williams Gas 公司管道完整性管理系统图

TransCanada 公司尽可能地投入资源最大限度地保护管道系统的完整性和安全性。通过控制中心 24 小时监控管道系统的运行情况,一旦发生泄漏,有能力在几分钟内关断阀门,并隔离受影响的管段。具体包括如下工作。

1. 制订完整性管理计划

公司的管道完整性团队由各种专业知识丰富并在管道维护和检测部门工作的人员组成,该团队制定了管理方法、程序和方案,并针对具体管道完整性问题建立安全计划。每年的春季和夏季都基于从现场和团队建立的跟踪管段高风险的模型收集的数据制订随后的管道维护计划。

2. 采用基于风险的方法

每年 TransCanada 公司都对管道系统进行仔细的检查,并采用正式的基于风险的方法计算失效风险。这种方法考虑很多的因素,确定了失效概率、潜在的后果以及用来识别高风险管节和评估风险的可容忍性。

TransCanada 公司基于风险的完整性管理计划包括了持续进行维护、检测和用来改进管道材料和工艺的科研投资。根据具体的数据信息来制订管道维护计划,并通过优先进行高风险管段维护来优化完整性的花费和降低暴露的风险。

3. 腐蚀(外部/内部)检测

目前检测和维护管理外部腐蚀的费用占公司腐蚀防护费用的 50%,内部腐蚀失效占公司整体失效的 25%。自 1974 年 Alberta 管道失效造成 1 人死亡后,公司随即自 1975 年开始进行检测,管道检测技术经历了翻天覆地的变化。公司已经认识到,由于之前的检测器精度较低,部分失效发生在经过检测的管道上。目前,检测器的检测精度仍在不断提高。

4. 内外检测优化维修

从 1990 年开始,TransCanada 公司对大批大口径管道进行内检测,成为主要的风险减缓手段,公司每年约检测 4000mi(1mi=1609.344m)管道,检测时间间隔最短为 3 年,最长为

10～15 年。公司也存在口径仅为 4～8in 的小口径管道,这些管道由于无法安装收发球筒而不能进行内检测,可用地面 ECDA 评估的方式来控制外腐蚀风险。

5. 开挖

通常依据多次检测所得的腐蚀增长速率来计算缺陷的发展情况并确定其开挖时间,但是该方法具有保守性。随着开挖费用的不断升高和检测费用的不断降低,TransCanada 公司选择尽量减少开挖并增加检测频率。在加拿大,公司每年开展 200～300 次开挖。

6. 管道保护

TransCanada 公司采用外加电流的方式保护管道抵御外部腐蚀。对于内部腐蚀,公司也采用水压试验的方法来检测其完整性,该方法较为繁琐,需要将水注入管道,并加压至高于正常运行压力。

7. 应力腐蚀开裂(SCC)

SCC 是 TransCanada 公司面临的最具挑战性的问题,至今没有像检测腐蚀缺陷那样精准的检测器可以应用于 SCC 的检测。公司有超过 2500mi 的管道可能存在 SCC 现象,公司依据其对于管道、土壤、地势及其他可能导致开裂的因素,开发了较严密的维护措施。

8. 水压试验

水压试验是有效的 SCC 探测手段,截至目前,TransCanada 公司已经开展了超过 400 次的水压试验。水压试验耗时耗力,操作复杂,获取水源和处理废水也是较大问题。目前水压试验是管理 SCC 风险最可靠的手段。公司从 20 世纪 80 年代开始开发内检测工具,但是对于裂纹,检测器的有效性受到技术本身的局限(因无法辨别裂纹和夹层),目前公司的检测技术也在不断进步,正在使用超声检测替代水压试验。对于一些高程变化太大的管道,水压试验并不可行。

9. 电磁超声检测(EMAT)

该技术是针对 SCC 开发的新型检测技术,目前市场潜力很大,TransCanada 公司已经用了 13 年的时间完成了技术改进,有较好的效果,但技术的完善仍需要 5～10 年的时间。

10. SCC 预防

TransCanada 公司自 1986 年出现了首例 SCC 事故后开始了 SCC 管理。根据加拿大国家能源局运输安全局发布的要求和 SCC 管理指南,公司不断改进对于 SCC 的风险控制措施。

11. 地质灾害风险管理

地质条件不稳定是管道经常遇到的风险因素,例如滑坡。公司监控地质变化并开发管道与土体移动相互作用的经验模型,河流穿越处由季节性冲刷造成的管道裸露会受到岩石移动的威胁,应加强埋深和整治。

12. 预防机械和第三方损伤

非授权的第三方管道上方开挖会给管道带来致命风险。机械和第三方损伤事故发生频率较低,目前公司正不断投入时间和资源来预防此类风险。该公司通过与市政府、承包商及其他利益相关者建立的综合宣传方案来管理机械和第三者的损伤,以确保管道的位置准确,并在开挖前打电话进行确认。公司还使用内检测,以寻找由第三方活动导致的凹坑和划伤。通常,为防止可能危及管道的未经授权的挖掘事件,维修人员需要在管道的上方清楚地标记管道位置。

13. 空中巡检

空中巡检管道是看护管道免受机械和第三方损伤的重要方式。通常管道不会在第三方活动期间开裂,而是经过一段时间之后,所形成的划伤发展成裂纹,最终导致泄漏或开裂。

14. 施工与制造

管道行业早期的故障往往归因于管道施工和制造的低标准,目前施工和制造技术已经大为改善。TransCanada 公司具有高质量的焊缝和严格的质量管理体系,对于所采购的管材和制造的产品质量有严格的控制。

主要参考文献

陈裕川,2019.埋弧焊[M].北京:机械工业出版社:2019.

戴联双,2023.高钢级管道环焊缝失效机理探讨与思考[J].中国安全生产科学技术,19(增刊2):93-100.

董绍华,饶静,2018.管道完整性评估技术与应用[M].北京:石油工业出版社.

董绍华,帅健,张来斌,2018.油气管道完整性检测评价技术[M].北京:石油工业出版社.

范力予,高乐,2024.浅析激光焊在车辆制造中的技术要点[J].汽车维修技师,(16):120.

高杰,2023.电子束焊接技术的分析与研究[J].中国金属通报(12):180-182.

何存富,郑明方,吕炎,等,2016.超声导波检测技术的发展、应用与挑战[J].仪器仪表学报,37(8):1713-1735.

何小东,杨耀彬,陈越峰,等,2024.不同Nb含量X80钢管环焊热影响区的微观组织与韧性[J].焊接学报,45(3):75-81.

解玲丽,王飞,史红艳,等,2024.不同金属材料的焊接工艺[J].山西冶金,47(8):79-81,130.

雷铮强,戴联双,王富祥,等,2022.高钢级管道环焊缝裂纹失效分析[J].焊接(4):59-64.

李代龙,赵干,张建勋,2024.大熔深焊接技术研究及其应用进展[J].焊管,47(2):1-7.

李君霞,段锋,郑小平,2024.JSM 6360型扫描电镜故障诊断与维护控制[J].理化检验-物理分册,60(8):76-78.

李亮,黄磊,聂向晖,等,2021.高钢级管道环焊缝焊接质量问题及裂纹形成原因分析[J].焊接(3):55-60,64.

李亮,黄磊,聂向晖,等,2021.高钢级管道环焊缝焊接质量问题及裂纹形成原因分析[J].焊接(3):55-60,64.

李学平,2012.油气输送管环焊缝的超声波检测技术研究[D].西安:西安石油大学.

李渊博,郑文星,叶韬,等,2022.钨极惰性气体保护焊熔池流动特性研究方法[J].机械工程材料,46(4):12-20.

梁凯强,2024.高效节能焊接技术的应用现状与发展趋势[J].智慧中国(7):78-79.

凌人蛟,2017.焊接方法与设备[M].北京:机械工业出版社.

刘宇,由宗彬,韩涛,2020.X80焊接热影响区组织与性能的模拟试验研究[J].石油管材与仪器,6(2):38-41,45.

罗震,苏杰,王小华,等,2024.激光-电弧复合焊接铝合金的研究进展分析[J].华南理工大学学报(自然科学版),52(3):57-74.

马秋荣,仝珂,黄磊,2017.X80管线钢管质量控制技术[M].北京:石油工业出版社.

马晓丽,刘礼,张跃龙,2024.透射电镜样品制备评定系统设计与应用[J].实验室研究与探索,43(6):16-19.

牛爱军,郭克星,董超,等,2023.长输油气管道检测技术研究现状[J].石油工程建设,49(4):1-8.

任俊杰,马卫锋,惠文颖,等,2019.高钢级管道环焊缝断裂行为研究现状及探讨[J].石油工程建设,45(1):1-5.

石仁委,2020.管道检测技术探索与实践[M].北京:中国石化出版社.

帅健,孔令圳,2017.高钢级管道环焊缝应变能力评价[J].油气储运,36(12):1368-1373.

帅健,王旭,张银辉,等,2020.高钢级管道环焊缝主要特征及安全性评价[J].油气储运,39(6):623-631.

宋鸿印,贾海伟,王勇,等,2019.圆棒拉伸试样直径对厚板力学性能影响的探究[J].新疆钢铁,(3):13-16.

隋永莉,2019.新一代大输量管道建设环焊缝自动焊工艺研究与技术进展[J].焊管,41(7):83-89.

隋永莉,2020.油气管道环焊缝焊接技术现状及发展趋势[J].电焊机,2020,50(9):53-59.

孙爽,许桂珍,刘贯军,2024.Q355/SKH9高速钢激光重频焊接接头冲击韧性分析[J].制造技术与机床,(4):33-37.

王鹏宇,闫臣,2023.从油气管道工程建设的发展看焊接技术的进步[J].焊接,(6):44-51,64.

王强,2024.先进焊接技术在船舶制造业的应用[J].船舶物资与市场,32(5):51-53.

王忠堂,张玉妥,刘爱国,2019.材料成型原理[M].北京:北京理工大学出版社.

吴锴,张宏,杨悦,等,2021.考虑强度匹配的高钢级管道环焊缝断裂评估方法[J].油气储运,40(9):1008-1016.

吴锴,张宏,杨悦,等,2021.考虑强度匹配的高钢级管道环焊缝断裂评估方法[J].油气储运,40(9):1008-1016.

吴文源,2024.热处理工艺对铸态钴铬合金组织和力学性能影响的研究[D].东莞:东莞理工学院.

谢秋菊,2022.高钢级管道环焊缝风险评价方法与软件开发[D].北京:中国地质大学(北京)

徐健宁,张华,胡璷华,等,2008.钨极气体保护焊金属原型技术工艺[J].上海交通大学学报,(S1):132-134,141.

杨宝峰,荆志龙,魏凌霄,等,2020.大型压力容器埋弧横焊焊接工艺研究[J].机电信息,(23):99,101.

杨锋平,邹斌,张伟,等,2021.高钢级管道半自动环焊缝失效评估技术研究[J].石油管材与仪器,7(5):35-40,44.

杨磊,袁诚希,李一凡,等,2022.中厚板的高能束自熔焊接工艺的研究现状[J].热处理,

37(6):5-9.

杨楠,2021.压力管道无损检测技术及应用[J].中国设备工程(7):168-169.

杨悦,张宏,刘啸奔,等,2022.焊接材料强度对高钢级管道环焊缝应变能力的影响[J].油气储运,41(1):48-54.

尹士科,2011.焊接材料及接头组织性能[M].北京:化学工业出版社.

袁厚明,2010.管道检测技术问答[M].北京:中国石化出版社.

曾惠林,杨明新,桂汉杰,等,2021.长输管道焊接与检测技术综述[J].石油工程建设,47(S1):107-112.

张宏,吴锴,冯庆善,等,2023.高钢级管道环焊缝断裂韧性与裂尖拘束关系[J].石油学报,44(2):385-393.

张辉,伍道亮,师金凤,等,2024.中厚板激光-电弧复合焊拼板坡口的选用[J].金属加工(热加工),(9):64-68.

张开强,2024.石油管道无损检测技术及其发展分析[J].工程技术(1):41-44.

张情情,吉磊,2014.输油管道泄漏检测及完整性评价技术研究[J].内蒙古石油化工,40(23):106-107.

赵连学,2022.长输管道焊接技术发展[J].化工管理(31):79-82.

郑亚凤,王贺超,张毫杰,等,2024.高功率激光对不同模式熔化极气体保护焊熔滴过渡与焊缝成形的影响[J].中国激光,51(12):67-79.

ASME, 1991. Manual for determining the remaining strength of corroded pipelines: A supplement to ASME B31 code for pressure piping: ASME B31G-1991 [S]. New York: The American Society of Mechanical Engineers.

DUGDALE D S, 1960. Yielding of steel sheets containing slits [J]. Journal of the Mechanics and Physics of Solids, 8(2): 100-104.

KIEFNER J F, VIETH P H, 1989. A modified criterion for evaluating the remaining strength of corroded pipe [R]. Columbus: Battelle.

LEACH A R, 2001. Molecular modelling: Principles and applications [M]. 2nd ed. Harlow: Prentice Hall.

LINDGREN L E, 2007. Computational welding mechanics: Thermo-mechanical and microstructural simulations [M]. Cambridge: Woodhead Publishing Limited.

PISARENKO G S, LEBEDEV A A, 1988. Strength of materials [M]. Washington, D.C.: Hemisphere Publishing Corporation.

SCHIJVE J, 2009. Fatigue of structures and materials [M]. 2nd ed. Dordrecht: Springer.

ZIENKIEWICZ O C, TAYLOR R L, ZHU J Z, 2013. The finite element method: its basis and fundamentals [M]. 7th ed. Oxford: Butterworth-Heinemann.